中外首饰赏析

Zhongwai Shoushi Shangxi

李 琳 编著

中国地质大学出版社有限责任公司
ZHONGGUO DIZHI DAXUE CHUBANSHE YOUXIAN ZEREN GONGSI

内 容 提 要

首饰具有典型的时代和地域特征,与社会文化共同发展。本书通过介绍中国古代首饰、外国古代首饰、外国近现代首饰、中外当代首饰、中外民族首饰、社会文化发展中的首饰六章内容,阐述了一段完整的首饰发展历史。本书理论知识丰富,内容涵盖面广,不仅能让学生了解到较多时代变迁下的首饰文化,还能让学生了解中外首饰在特定的时代背景下所表现的种类、款式、材质、工艺及艺术风格等。本书既可作为珠宝首饰专业学生的教学用书,也可作为从事首饰行业人士的培训教材。

图书在版编目(CIP)数据

中外首饰赏析/李琳编著.—武汉:中国地质大学出版社有限责任公司,2014.1
(2020.8重印)

ISBN 978-7-5625-3189-0

Ⅰ.①中…

Ⅱ.①李…

Ⅲ.①首饰-鉴赏-世界

Ⅳ.①TS934.3

中国版本图书馆 CIP 数据核字(2013)第 011917 号

中外首饰赏析		李琳 编著
责任编辑:彭 琳	选题策划:张 琰	责任校对:戴 莹

出版发行:中国地质大学出版社有限责任公司(武汉市洪山区鲁磨路388号)
电　　话:(027)67883511　　　　　　邮政编码:430074
传　　真:67883580　　　　　　　　　 E-mail:cbb @ cug.edu.cn
经　　销:全国新华书店　　　　　　　　http://www.cugp.cug.edu.cn

开本:787mm×960mm 1/16　　　　　　字数:196千字　　印张:10
版次:2014年1月第1版　　　　　　　　印次:2020年8月第3次印刷
印刷:荆州鸿盛印务有限公司　　　　　　印数:4 001—5 500册
ISBN 978-7-5625-3189-0　　　　　　　 定价:45.00元

如有印装质量问题,请与印刷厂联系调换

前　言

首饰历史久远，甚至远于陶艺。我们的祖先在社会文明建立之初就已有雏形首饰，之后随着物质文明的发展、社会的进步，首饰伴随着人类文明的发展而发展，在每个时代既是传统的延续者，同时也是现代的创造者。首饰的各种功能使它服务于世世代代的人们，并与人们有着极为密切的关系。因地域的差异，首饰在不同的时代背景下所表现的形式、风格各不相同。在东西方文化交流、民族融合的今天，首饰逐渐成为文化交流的载体，变得综合化、多元化，从而丰富了首饰文化，促进了社会文化的发展。

本书共分为六章，主要介绍中外各个时代、地域具有典型特征的首饰及首饰风格，让学生从中了解中外首饰在特定的时代背景下所表现的种类、款式、所需材料、工艺及艺术风格等，为今后的课题研究、知识拓展打下坚实的理论基础。

此外，非常感谢中国地质大学（武汉）张荣红教授在百忙之中对我的指导，也非常感谢我的朋友张磊给我提出的宝贵建议，同时感谢我的同事及校领导的大力支持。

本书理论知识较多，覆盖面广，其中涉及到较多时代变迁下的首饰文化，虽参考了数本考古文物书籍，但在某些首饰的时间界定上还有待考究，不对或相对肯定之处敬请谅解。我希望这本书作为一个了解中外首饰的窗口，能够带领大家进入更深领域的首饰研究，给学习首饰专业的学生以及从事首饰行业的人士带来帮助。

编著者
2013 年 6 月

目 录

第一章　中国古代首饰 …………………………………………………（1）

第一节　中国古代首饰发展历程 ………………………………………（1）
第二节　中国古代首饰种类 ……………………………………………（5）

第二章　外国古代首饰 …………………………………………………（39）

第一节　古西亚首饰 ……………………………………………………（39）
第二节　古埃及首饰 ……………………………………………………（41）
第三节　古希腊罗马首饰 ………………………………………………（46）
第四节　西欧早期首饰 …………………………………………………（54）
第五节　中世纪时期首饰 ………………………………………………（57）
第六节　文艺复兴时期首饰 ……………………………………………（59）

第三章　外国近现代首饰 ………………………………………………（63）

第一节　18世纪至19世纪首饰 …………………………………………（63）
第二节　新艺术运动时期首饰 …………………………………………（69）
第三节　装饰艺术运动时期首饰 ………………………………………（72）

第四章　中外当代首饰···(75)

第一节　当代首饰特征···(75)
第二节　当代首饰三大主流类型···································(77)
第三节　当代首饰所表现的几种艺术风格···························(84)

第五章　中外民族首饰···(91)

第一节　中国少数民族首饰···(91)
第二节　泰国少数民族首饰···(119)
第三节　原始部落民族首饰···(124)

第六章　社会文化发展中的首饰····································(129)

第一节　首饰的时代性···(129)
第二节　首饰的地域性···(132)
第三节　首饰的风格化···(138)

阅读资料···(141)

参考文献···(153)

第一章 中国古代首饰

本章主要介绍中国古代首饰的种类、形式、象征含义及用途,使我们从中了解中国祖先如何装饰自己,从而体会中国文化的博大精深。同时,在学习的过程中也让我们深知中国首饰也有过属于自己的辉煌历史,它们是历史发展的辉煌产物,更是中国古代人民智慧的结晶,是任何一个国家和地域的首饰发展历史无法比拟的。

第一节 中国古代首饰发展历程

一、原始社会

(一)旧石器时代

旧石器时代晚期的首饰是原始首饰雏形,它由简单的钻孔小石珠、兽牙串起挂戴在身上,主要以实用为目的,是生存的需要。低硬度的用料、接近材料原形的简单加工形式以及相同形状重复组合是这个时期的主要特征,它代表了原始首饰的开端。

(二)新石器时代

到了新石器时代,人类的装饰意识已在首饰的制作方面充分显露出来。这个时期出土的文物有成串的玉、骨、角质的管状项饰、玉笄、骨笄、臂环、指环、象牙梳及多种坠饰,同时还有大量的玉器(例如红山文化—猪龙)、玛瑙和绿松石饰品。从挖掘出来的文物反映出,这个时期装饰品材美精工。此外,从文献及出土的文物表明,因受图腾崇拜、祖先崇拜的影响,当时人们喜欢用兽角、羽毛、鲜花等装饰自己的头部。总之,这是一个首饰艺术和审美意识积累提高的漫长历史时期,也是人类文明的重要发展阶段。

二、商周时期

据科学发掘资料证明,我国最早的金制品出现于夏代,但只是极个别的例子,直到商朝,金制品才有了一定的范围,并用于首饰制作中。金属的出现,使首饰的利用、制作与原始社会相比有了质的飞跃,这也是社会文明发展和文明程度提高的必然产物。到周朝因受社会礼仪的影响,首饰的佩戴也有了一定的要求。因此,首饰除了实用功能外,也是地位、权势的一种象征。

这个时期的首饰种类主要有笄、梳、冠等发饰,有玦、瑱、珰、环等耳饰,有由琥珀、绿松石、玉、骨制成的串饰,玉瑗、金臂钏等臂饰以及各类佩饰,非常丰富。

三、春秋战国时期

春秋战国时期的中国社会一直处于分裂割据的混乱状态,社会生产遭到破坏,但是这个时期的社会经济、政治制度、文化思想和民族融合却得到了空前的大发展。作为中国传统文化的主流,贯穿于中华民族几千年发展史中的儒家思想,就起源于春秋时期,因此在这一时期,各种玉质首饰受到高度的重视。此外,金银器在这一时期被广泛使用,尤其是当时匈奴的金银器极具有代表性。

四、秦汉时期

秦汉时期的首饰非常丰富,总体来说这个时期首饰发展主要有以下几个特征。

(1)首饰材料丰富,水晶、石榴石、珍珠等材料大量出现。

(2)首饰形式多种多样,其中头饰最为突出,出现了步摇等华丽头饰,多用于头部装饰。

(3)首饰制作工艺日益精湛,出现了"点翠工艺"。这种工艺是在金属坯上贴金叶或贴翡翠鸟毛,可与镶嵌宝石翡翠的工艺媲美。

(4)男子流行佩戴玉佩以及各种玉制佩件组成的各种饰物,并以此来表明身份和地位。

五、魏晋南北朝时期

魏晋南北朝是由统一到分裂的混战时期,分裂和混战对社会经济、文化造成了巨大的破坏,但也孕育了新的希望。各民族融合使这个时期的金银工艺日趋强大起来。归纳起来这一时期的首饰发展主要有以下特征。

(1)金银首饰流行,在继承秦汉传统的基础上,又兼收并蓄,汲取不同民族及西方国家金银工艺的精华,出现了金银耳坠、手镯、指环、各种头饰等金银首饰,但玉

(2) 当时妇女发髻形式高大,发饰除一般形式的簪钗以外,流行一种专供支撑假发的钗子。

(3) 指环(戒指)在魏晋南北朝时期普遍流行,錾刻花纹增多,戒面扩大,有的雕镂或镶嵌宝石。同时这一时期受西方文化的影响,出现了一枚镶金刚石金戒指,这大概是中国历史上最早的一枚钻石戒指。

(4) 这一时期金银首饰的制作技术更加完善,掐丝、镶嵌、焊缀金珠等手法较盛行。

(5) 佛教艺术的传播,对首饰也有一定的影响。首饰制作过程中常常引用佛教艺术中常见的图案形象(莲花、瑞鸟等),多采用镂雕、金丝工艺,并镶嵌珍珠、琥珀等宝石,带有明显的宗教色彩。

六、隋唐时期

隋唐是我国历史上重要的转折和发展阶段,同时也是首饰发展的辉煌时期。

(一) 隋朝

隋朝是我国历史上一个短暂的王朝,但在六朝文明向唐朝文明转变的过程中,起到了重要的传承作用。考古工作中所见资料并不很多,但种类非常丰富,从李静训的陪葬物中便可以看出。此墓出土了大批制作精美并且具有浓郁的异域风格的玻璃器及金银器,其中以金项链和金手镯尤其引人注目。

(二) 唐朝

从出土文物或唐朝壁画中可以看出唐朝的首饰多彩多样,尤其是皇室首饰更是富丽堂皇。唐朝首饰的发展主要有以下几个特征。

(1) 这一时期的首饰形式及材质多样,种类繁多。

(2) 首饰的外形设计非常讲究,以虫、鸟、花卉为主,形式多为发钗、步摇等,非常华丽。

(3) 这个时期的发钗和步摇更加的华丽。唐代的发钗较前几个时代有了较大的变化,更为美观,便于佩戴,其主要特征为:一股长一股短;一端呈钩状,可以更好地固定头发;更加注重钗头的造型。另外,唐朝的步摇多是由两种或两种以上的材料制成,用材主要以金、银、玉为主,且更注重步摇的造型。

(4) 这个时期盛行插梳,起初只是单插一梳,之后逐渐增加,以两把为一组,到唐末插梳数量逐渐增多。

七、宋元时期

(一)宋朝

宋代各朝皇帝多次提出"务从简朴"、"不得奢华"。同时宋代追求朴实无华、平淡自然的情趣,反对矫揉造作的繁缛风习。从考古中发现的宋代首饰不如唐代的丰富,以钗、梳为主,大多追求简朴和实用。宋代妇女的整体造型给人一种清雅、自然的感觉。

这个时期的首饰发展主要有以下几个特征。

(1)玉质首饰偏多,同时玉雕艺术有很大的发展。

(2)首饰形式丰富,主要有头饰、耳饰、项饰、腕饰、腰饰、带饰等。

(3)宋人有佩戴坠饰的风气。

(二) 元朝

12世纪后半叶,忽必烈改国号为元,统一中国。元朝的首饰形式多样,形体夸张,多带有游牧风格,但由于当时民间不许用金,不许使用龙凤图案,很多颜色也不许使用,所以元代首饰的发展史相对窒息。总体来看,这个时期的首饰发展主要有以下几个特征。

(1)元朝女子使用簪钗较多,主要是固定发髻。女子多佩戴冠帽,在冠帽上镶嵌金银珠宝以作装饰。

(2)臂钏在当时较为流行,多为金、银制作。

(3)女子流行佩戴耳饰。

八、明清时期

明清时期的首饰非常丰富,与明清两代宫廷装饰艺术的总体风格相吻合,具有一种皇家风范。但从制作及艺术风格上看,这两个时期的首饰有两个相反的特点。

(1)复杂繁琐。集各种名贵材料于一体,工艺制作的水平也很高,以金为骨,在其上盘丝累丝,镶嵌珠宝。有的以玉为骨,包金镶银,精雕细刻,还附加复杂的垂饰。

(2)极为简朴。不在金、银坯上加饰任何纹样和装饰,金镯银圈或玉环由本身材料的质地展示出自身美感。

(一)明朝

公元1368年,朱元璋建立了明朝。他提倡恢复大汉文化传统,在首饰方面承袭了唐宋的风格。明代金银饰品追求纤细、豪华、实用的风格,与当时宫廷内后妃们的服装、发饰有着密不可分的联系。明朝首饰发展有以下几个特征。

（1）这一时期的冠饰空前绝后，金丝冠、金凤冠造型独特，工艺精巧，达到了无可企及的高峰。

（2）金簪运用焊接、掐丝、镶嵌等工艺，其首饰款式丰富，制作也很精美。

（3）明代流行一种葫芦形的耳环，这种形式的耳环至清代也很流行。

(二)清朝

清朝是由满族建立起来的封建王朝，是中国历史上继元朝之后的第二个由少数民族统治中国的时期。清代首饰表面的装饰纹样丰富，其中吉祥寓意的装饰内容较多，表现着人们祝福纳祥、趋吉避凶的美好愿望。这个时期的首饰发展主要有以下几个特征。

（1）扁方是当时流行的发饰。它是满族妇女梳"两把头"时的主要首饰。

（2）清朝不管是贵族还是平民百姓都很讲究戴项圈，项圈多为金、银制成。

（3）这一时期的首饰流行金玉搭配，形式多样。

第二节　中国古代首饰种类

一、古代头饰

我们的祖先，起初自然散发，无需发饰。之后人们开始束发作髻，从一开始的自然天成的竹子或树枝，到后来使用骨、玉、陶、蚌制作形式各异的笄饰。随着社会的发展，起初单纯以实用为主的发饰，在造型、功能、材质、工艺等诸多方面都已不能适应人们的审美心理需求。随着社会文化的发展，在原有形态基础上笄饰发展成簪饰、钗饰等，同时随着新材料的发现及中外交流的深入，首饰用材范围也越来越广，由初期的骨、蚌、陶、石等增加到玉、玛瑙、珊瑚等各种名贵材料。而在工艺上，首饰的制作加工技术也日益发展，发饰装饰越来越精彩。

（一）笄

作为最早出现的一种整理头发的实用物品，笄的历史可以追溯到新石器时代。据记载，在商朝除了固定发髻、冠帽的实用性外，笄在古代也曾扮演着重要的礼仪文化角色。女子插笄是长大成人的标志，女子年满十五岁要举行"笄礼"称"及笄"，梳挽成人的发髻，以示成年，可以婚嫁。古代男子也用笄，男子固定冠帽的笄称为"衡笄"，男子二十岁被视为成年，须行"冠礼"，冠左右留有小孔，加冠时，用笄横穿固定在发髻之上。

据记载，竹子是古代发笄最早使用的材料，此外还有骨笄、玉笄、陶笄、蚌笄等，形式有椎形、丁字形、圆柱形等,有的在顶部粘镶骨珠,有的刻有花纹,以实用为主(图1-1)。

随着金属大量的出现,笄后来改用金、银、铜等金属制作,针细头粗,强调装饰美化作用,就演化为簪了(图1-2)。

(二)簪

直到周代笄才开始称为"簪"。簪含有"赞"的意思,是古人身份的象征。对于现代女性来说,发簪已经是很古老的名词,然而在古人的装饰世界里,发簪是古代首饰中最重要而又最寻常的一种饰物,主要用来挽髻或是戴在发间作为点缀。

自汉代起簪又称为搔头(据《西京杂记》记载汉武帝在妃子李夫人处用玉簪搔头,此后簪又叫搔头)。秦汉时期,贵族妇女的发簪已不用骨质,而多以金、玉制作,且花样日渐繁多,制作工艺更趋精细。魏晋南北朝时期,贵族妇女用金、玳瑁、琥珀等其他珠宝材料制作各式发簪。唐朝是发簪流行的盛世,据记载当时女子平日里喜爱青虫簪。这里的青虫指一种很大的蝉,身上闪射青绿色、金色的光芒,有蝉蜕、长生的寓意,又有缠绵的谐音。两宋时期贵妇簪钗满头,多种宝石材料饰于发簪之上,当时

图1-1 笄

图1-2 簪

图1-3 发簪

还出土了一支玻璃簪。直至明清,发簪无论在材料、工艺、造型还是在纹饰上,都达到了一个空前的水平,表现出很高的加工工艺。在明代,蝶恋花发簪、玉镶宝石发簪非常流行,多使用白玉、珍珠、红蓝宝石等制作(图1-3)。

1. 发簪的簪股分类

发簪分簪首(簪头)和簪股(挺/簪脚)两部分,传世的发簪样式繁多,但其变化主要在簪首,主要有两种。

(1)杆状簪股。其形似细杆,截面有正圆、半圆,表面光素挺直,尾部尖锐,以便插拔。也有簪股呈波状弯曲,簪发时需旋转入发,入发后不易脱落

(图1-4)。

(2)片状簪股。其形式成扁平长方状，满族妇女称之为"扁方"。扁方是清末满族妇女固定其特有的髻式两把头的长方形簪发工具，其长度从20cm到35cm不等，常见的扁方材质有金、银、玉、翡翠、玳瑁、檀香木等。扁方还有上宽下窄、尾部尖锐的形式，也有首尾呈"S"状弯曲的形式、尾部成桃状的形式，以及中间略窄、首尾对称的形式等(图1-5)。

图1-4　杆状簪股

图1-5　片状簪股

2.发簪的形式种类

(1)簪首和簪股呈"T"字形垂直焊接。有杆的金钿大多采用这种形式(图1-6)。

图1-6　"T"字形发簪

(2)簪股上弯曲伸出，以接簪首。许多短簪都采用这样的形式，其好处在于簪首伸出从而避免被簪股处的图案遮挡(图1-7)。

(3)簪首与簪股上部或顶部平行焊接或一体锤打而成。大部分的发簪都采用这种形式(图1-8)。

(4)簪首上部为耳挖。这类发簪在南方俗称"一丈青"，既可以用来簪发，闲时又可挖耳，是发簪中极常见的一种形式。此外它也有发钗的形式。据出土文物表明，在魏晋时期出现了银质的挖簪(图1-9)。

图1-7 "簪首"发簪

图1-8 平行发簪

图1-10 步摇簪

图1-9 丈青

(5)簪首与簪股之间有弹簧相连,走动时簪首会微微颤动,有步摇的韵味,称为"步摇簪"(图1-10)。

(三)钗

钗在中国古典诗词中常常用来描绘女性的风情韵致,古人往往笄簪互称,今人则往往簪钗混称。隋唐时期盛行插戴发钗,清末以后,大多数发钗既有簪发功能又有装饰的作用,而无品级的区别,只是富者用金,或加珠玉翠羽,而一般人家多用银或铜,其中银钗最为普遍。

发钗是用以插定发髻的一种双股长针。它是在簪的基础上发展演化而来的。总体来说,簪和钗都有簪首和挺两部分,不同的是簪的挺只有一股,而钗是分为两股。另外,在古典文学中还有"荆钗"一词,荆钗是指荆条制成的发钗,多用以指贫家女子,或形容女子的朴素。

钗根据其功能可分为素钗和花钗。

(1)素钗的作用同于发簪,是用来簪发或支撑假髻的工具(图1-11)。

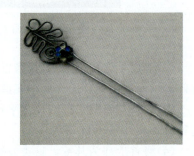

图1-11 素钗

（2）花钗是命妇礼冠上的重要佩饰，主要起装饰作用（图1-12）。

图1-12　花钗

（四）步摇

准确地说，步摇是附在簪钗之上的一种既贵重又华美的金玉饰，一般用金银丝编为花枝，上缀珠宝花饰，并有五彩珠玉垂下，使用时插于发际，随着步履的颤动，下垂的珠玉也随之摇曳，因而得名。

据记载战国时期已有步摇出现，汉魏时期的步摇多以黄金制成，作树枝状，且树枝的顶端各卷一个小环，上悬桃形金叶，制作非常精致（图1-13）。隋唐时期步摇也十分流行。五代承唐代遗风，插戴步摇十分普遍。步摇一直流行至明代，其形式多种多样，但其中最为普遍的还是金凤衔珠步摇（图1-14）。

步摇的形式归纳起来主要有两种：

（1）簪首以金银链缀接各种坠饰，坠饰晃动幅度较大，是步摇的基本形式（图1-15）；

（2）簪首以细丝或弹簧连接各种坠饰，行走时坠饰会微微颤动（图1-16）。

（五）栉·梳篦

梳篦统称为"栉"，上面有背。齿有疏有密，疏者称"梳"，用以梳理头发；密者称"篦"，用以除发垢。此外，栉有时还插于发际之间，成为装饰性的首饰。

图 1-13　早期步摇　　　　图 1-14　金凤衔珠步摇

图 1-15　簪首以金银链衔接的步摇　　图 1-16　簪首以细丝或弹簧连接的步摇

梳篦在中国古代装饰艺术中非常流行,有多种功能。据说早先的梳发用具是由若干个小木棍并列在一起,一端用绳索拴住而成,之后才在模板上刻出齿形,但由于木制的梳子不易保存,考古发掘中少有发现。

从梳子的造型与工艺来分析,梳子的发展大概经历了四个阶段。

1. 新石器时代

此阶段梳子的梳背多呈直线形,很少有装饰,梳齿粗而少,出土的有骨梳、石梳、玉梳、牙梳。图 1-17 为大汶口文化时期出土的"8 字形"象牙梳。

图 1-17　"8 字形"象牙梳

2. 商周时期

这一时期梳的造型较为随意,但在梳背刻有鸟、兽形花纹,主要有骨梳和玉梳,背部平直,中央有突起,梳身为长方形。至周代,梳背向弧形发生变化。

第一章 中国古代首饰

3. 春秋战国时期至南北朝时期

这一阶段的梳子主要是由玉、竹、木等材料制作，背部呈圆弧形，几乎都是上圆下方的马蹄形，身部有对称的纹饰，其中有的梳篦插于发间作装饰。自魏晋以来，妇女流行插梳之风，至唐更盛（图1-18）。

4. 隋唐至元朝时期

这一阶段的梳子形式有所变化，其形体逐渐横向发展，成为扁宽形，梳尺与梳背的交界处也改变了传统直线形，而多呈弧线形。由于这一时期工艺技术水平不断提高，梳子的制作也越来越精巧，不仅梳齿细密，梳背上的装饰更是千姿百态。唐代妇女喜欢在云髻上插戴几把小梳子，装饰发髻，且常用金、银、玉、犀等高贵材料制作梳篦，颇为讲究。至晚唐五代，妇女头上插的梳篦越来越多，多到十来把。五代以后，梳背变成压扁的梯形，且梳形的规格逐渐加大，插戴数量虽不一，但总体渐少。至宋代，梳子的形状趋于扁平，一般多呈半月形造型。宋代妇女喜欢插梳，与五代相比，虽然插梳的数量逐渐减少，但梳的体积却日益加大。元代以后，插梳的风气减少，至今很少有人以梳为饰了（图1-19～图1-21）。

图1-18
春秋战国时期梳子

图1-19 唐代梳

图1-20 宋代梳

(a)唐·插梳

(b)宋·插梳

图1-21 插梳

梳子的基本功能是梳理头发,但是随着时间的推移,它的用途也逐渐增多,归纳起来有四种。一是理发功能,这一点自古至今没有改变。二是固发功能,梳子出现在人们的头上,最初大概只是为了配合某种发型,起固定发型的作用。梳子的这种用法,在近代苗族妇女的头上尚可看到。三是装饰功能,即把梳子插在发髻间以装饰自己。古人为随身携带梳子,有的将梳背钻孔,穿绳佩挂在身上,有的则直接插饰在发髻中。四是梳子也是财富的标志,特别是金梳、银梳、象牙梳、玉梳都是古代家庭的重要财产。人们用这些价格昂贵的梳子炫耀自己的富有和地位。至今,贵州苗族、云南傣族的妇女还在头上插金、银梳,以此作为拥有财富的标志。

(六)花钿　华胜

花钿指用金、银、玉、贝等做成的花朵状头饰,如金钿、螺钿、宝钿、翠钿、玉钿等(图1-22)。

图1-22　花钿

华胜,即花胜,是古代妇女的一种花形首饰,通常制成花草的形状插于髻上或缀于额前。汉时在华胜上贴金叶或贴上翡翠鸟毛,使之呈现闪光的翠绿色,这种工艺也就是上文提到的点翠工艺(图1-23)。

(七)凤冠

"冠"这种头饰是古人受鸟兽冠角的启发发明而来。

古代妇女和男子一样,也戴冠帽。冠的作用和帽子不同,妇人戴帽,主要是为了御寒,而戴冠则为了装饰或象征某种礼仪、地位。

图1-23　华胜

相传自汉以来就有以凤凰冠饰的习俗,凤冠是妇女冠饰中最重要的一种冠饰。宋以后,凤冠被正式定为礼冠,并被收入冠服制度。北宋南迁以后,在贵妇所戴的凤冠上出现了龙的形象,称"龙凤花钗冠"。明代凤冠是皇后的礼冠,在受册、谒庙、朝会时戴用。冠上饰件以龙凤为主,龙用金丝堆累工艺焊接,呈镂空状,富有立体感,凤用翠鸟毛粘贴,色彩经久艳丽。冠上嵌饰龙、凤、珠宝、花、翠云、翠叶及博鬓,这些部分件都是单独作成,然后插嵌在冠上的插管内,组合成一顶凤冠,其造型庄重,制作精美,有花丝、镶嵌、錾雕、点翠、穿泵等工艺(图1-24)。而清代后妃参加庆典均戴朝冠,这种朝冠也是一种凤冠。清代的朝冠与宋明时期的凤冠有所不同,它是以黑色貂皮或织物制成的一顶折檐软帽,在帽子正中,还叠压着三只金凤,每只金凤的顶部各饰一颗珍珠(图1-25)。

图1-24 明·凤冠

图1-25 清·凤冠

(八)遮眉勒

遮眉勒是系在额前,用以装饰前额和御寒的带子,流行于宋、元、明、清时期,多为青年女子装饰,之后渐渐也成为中老年人实用的带饰。上至皇后妃子,下至平民百姓,流行颇广。贫民百姓妇女所戴,在北方叫作"勒子"或"脑箍",南方叫作"兜",以黑绒制作为多,也有加缀一些珠翠或绣一点花纹的,套于额上掩及于耳,将两带在髻下打结固定(图1-26)。

(九)假髻

中国古代妇女对发髻形态非常讲究,大约追溯到周朝,女性就用假发作装饰,用笄加以固定。古代贵妇常在真发中掺接假发,梳成高大的发髻,也有用假发做成假髻直接戴在头上,再以笄簪固定,称为"副贰"。还有一种以假发和帛巾做成帽子般的假髻,白天往头上一戴,晚上可取下来,称为"蔮"或"帼"。

图 1-26　遮眉勒

假髻流行于隋唐五代时期,宋代仍以高髻为美,大多掺有假发,其髻上常饰以金、银珠翠制成的各种花鸟形状的簪钗梳篦。明代假髻有丫髻、云髻等,清初仍流行,但后期由于受清朝装束的影响,假髻渐渐不再流行(图 1-27、图 1-28)。

图 1-27　宋·假髻

直至今日,虽因时代变迁,人们已不再束高髻,但仍可以选择不同的式样来装饰,只是不像古代那么流行而已。

图 1-28　唐·假髻

小测试

1.（　　　　）时期人们发现并使用玉石,并且在（　　　　）时期玉质首饰受到高度的重视。

2.（　　　　）黄金材料开始使用并用于首饰制作中,并且在（　　　　）时期金银首饰开始流行。

3.插梳风气始于（　　　　）时期,流行于（　　　　）、（　　　　）时期,直到（　　　　）时期,不再插梳。其中（　　　　）时期插梳的数量最多,而（　　　　）时期,插梳的数量逐渐减少,梳的体积逐渐增大。

4.（　　　　）是古代发笄最早使用的材料。

5.发笄的主要功能是（　　　　）和（　　　　）。

第一章　中国古代首饰

6. 直到（　　　　）时期,笄已经开始称为簪了。

7. （　　　）是古代头饰最重要而又最常见的饰物,它主要用来挽髻或是戴在发间作为点缀饰物。

8. （　　　）时期最早出现"一丈青"。

9. 步摇始于（　　　）时期,流行于（　　　　）直到（　　　　）时期。

10. 梳篦统称为（　　　）,齿疏者称（　　　　）,齿密者称（　　　）。

11. 遮眉勒是系在额前,用以装饰前额和御寒的带子,北方叫（　　　），南方叫（　　　），主要流行于（　　　）、（　　　　）、（　　　　）时期。

12. 简述原始社会首饰的发展特征。

13. 简述秦汉时期首饰的发展特征。

14. 简述明清时期首饰的发展特征。

15. 简述簪与钗的异同。

16. 请简述步摇的两种形式。

二、古代耳饰

耳饰是人体耳部的装饰,它的历史久远,在我国新石器时代的墓葬中,就有大量出土的材料、形状各异的耳饰,当时的耳饰多以玉石、象牙、玛瑙、绿松石、煤精等为材料。冶金技术产生以后,又出现了各类金属耳饰,耳饰的样式也由简到繁不断地发展起来。

（一）珰

耳珰原是美丽的装饰,又称"耳筒"、"耳柱"、"耳塞",是一种直接塞入耳孔的饰品。

最早的珰饰出现于新石器时代,多以玉质为主,主要流行于魏晋时期。魏晋以后,耳珰虽已不再流行,但这种原始的耳部装饰却被一些少数民族流传下来（图1-29,后面章节也有介绍）。

图1-29　耳珰

（二）耳环

根据时间的不同,耳环有两种类型:一类是耳玦,是耳环的前身;另外一种则是由耳玦发展成的耳环。

1. 耳玦

耳玦是古代从新石器时代流传下来的一种耳饰,是一种有缺口的圆环。耳玦的材质主要是玉材,也有象牙、绿松石等。最初,耳玦的装饰面质朴无纹,而到商周时期皆施加纹饰,制作讲究（图1-30）。

图 1-30 耳玦

这种耳玦的环体较粗且分量较重,长期佩戴会使耳饰孔逐渐变大。随着人们审美观念的改变,这种大耳饰孔已渐渐地不被人们所接受,于是轻巧精致的金属耳环取代了粗重的耳玦。

2. 耳环

出土商周时期的耳环多为青铜制品,金质耳环也有发现,造型以喇叭形较为多见。这个时期的耳环在工艺及样式方面还比较简单。宋代穿耳之风盛行,耳环风格多样,材质有铜、金、银、玉等。辽金至元,出土的耳环以青铜、金质为主。明清耳饰工艺精绝,品种及样式极多,繁简不一(图1-31)。

(a) 商·耳环　　(b) 辽·耳环　　(c) 宋·耳环　　(d) 明·耳环

(e) 明·耳环　　　　　(f) 清·耳环

图 1-31 耳环

(三) 耳坠

耳坠,是耳环的延伸和发展,上部为耳环(或挂钩),下部为坠饰。

西周至魏晋,由于工艺水平的不断提高,耳坠种类繁多,有的以纯金打制,还有金镶嵌玛瑙、松石玉翠等。宋代到明代的耳坠越来越趋向精巧化,明朝时期的葫芦形耳坠很流行,其形式为:上端钩状,下接累丝中空葫芦,或以一小一大两颗玉珠上下相连而成,形似葫芦。这种耳环到清代仍在流行(图1-32)。

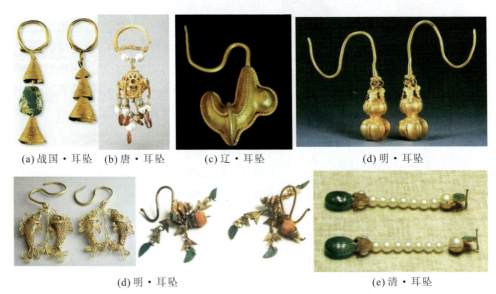

(a) 战国·耳坠　　(b) 唐·耳坠　　(c) 辽·耳坠　　(d) 明·耳坠

(d) 明·耳坠　　　　　　　　　(e) 清·耳坠

图1-32　耳坠

(四) 耳珠

耳珠是直接穿戴在耳饰孔中小如豆粒的饰物。

耳珠是由耳珰发展而来的,所不同的是,前者的装饰面及插入耳饰孔的部分都比较粗大,而后者的装饰面小如豆粒,插入耳饰孔的部分为纤细的金属针钩,多以圆或椭圆为主,常见的材质有金、银、珠玉等。

(五) 耳瑱

除了穿耳坠饰外,古代还有一种特殊的饰耳方法,即无需穿耳,只将耳饰从冠帽上垂悬至两耳旁,这种耳饰被称作"瑱",又称"充耳"。瑱是古代皇家及贵族礼服中的装饰,用锦带垂于耳旁以为饰。瑱饰的佩戴,有警戒谗言之意,令人举止端正稳重,保持气节。瑱饰有两种佩戴方法:一种是从冠帽左右耳旁的衡笄用紞(丝绳)垂挂于两旁耳孔之处,另一种是直接垂于耳(图1-33)。

佩戴耳环与古老的迷信有关,传说中的魔鬼和其他妖灵总想进入人体,强占人

图1-33 耳瑱

体,因此人体上所有可能进出的孔窍都必须特别守护。古时女孩子在六七岁时,由其祖母用米粒在耳垂上反复碾磨,使之麻木,即用炉火烧红的针尖穿耳,再贯以通草或线绳,久之则成小孔。

　　穿耳之俗由来已久,从大量的出土文物证实,早在新石器时代我们的祖先已经有穿耳之举,进入商周社会之后男女也有穿耳的习俗。进入周代,穿耳之风逐渐倾向于女性,到战国以后,中原地区的汉族男子多不穿耳,但在妇女中还保留着这种习俗。在秦朝,皇室贵族都不穿耳,而士庶女子则须穿耳,穿耳与否,在当时是区别贵贱的标记。到了汉时期,穿耳已经不再局限于装饰了,而在于警戒,它对规范妇女的行为也有一定的作用。在唐朝,佩戴耳饰并不风行,与当时的社会礼教有关。汉族不崇尚戴耳饰,虽然个别唐墓也出土过耳环,但甚为稀少,墓主大多族属不明。五代、宋朝以后,一方面受少数民族的影响,一方面提倡封建伦理纲常,强调规范礼教,人们延续汉朝的穿耳制度,不仅普通妇女穿耳,就连皇后、嫔妃、命妇也都穿耳。明清女子穿耳,乃是天经地义之事。女孩子在十岁以前,往往要经过这一关,到时由母亲或其他长辈专门做这件事。

小测试

　　1.我国古代穿耳习俗从(　　　　)时期开始,到(　　　　)时期穿耳与否是区别贵贱的标记,到(　　　　)时期妇女废止穿耳,直到(　　　　)时期又一次恢复穿耳习俗。

　　2.耳珰出现于(　　　　)时期,材料多以(　　　　)为主,流行于(　　　　)时期。

　　3.明代耳环中(　　　　)形的耳环最为常见,这种耳环直到清朝仍在流行。

　　4.古代有一种特殊的饰耳方法,即无需穿耳洞,只将耳饰从冠帽上垂悬至两耳旁,这种耳饰被称作(　　　　),又称(　　　　)。

　　5.请简述耳珰的概念。

　　6.请简述耳珠与耳珰的异同。

三、古代项饰

项饰,是指人们佩戴于项间,装饰前胸及脖颈的饰物。项间装饰品的起源很早,可以追溯至旧石器时代晚期,我们的祖先把贝壳、兽牙串起来套挂在自己的颈上,实用先于审美,借自然之物表现自己的勇敢、灵巧、有力。

(一)项链

项链是串饰的发展,在串饰上加"项坠"及"搭扣",则升级为项链。在清朝以前,项链大多是由串珠组成,清朝以后才大量出现金属链条。串饰是将各种石器穿孔搭配,直接用绳子串连起来,装饰脖颈的美饰。串饰材料随着时代的发展,初期选材以骨、牙、石、玉、贝等朴素的材质为主,后来则以金、银、宝石、玉等贵重材质为主。

据考古专家推测,应该是早在旧石器时代晚期,山顶洞人就已经用兽牙、骨管、石珠等做串饰来点缀项间,主要是骨、牙、石质装饰品;而新石器时代考古中,发现的另外一些实物证明,此时先祖们也喜欢用海贝、螺壳、玉等材质制作串饰,且数量也越来越多,可以看出串饰在那个时代很流行(图1-34)。

汉魏时期,流行管珠项链,以及人形坠饰。人形坠饰多为玉质且多作舞蹈状。隋唐五代时期由于金工技术的进步,金、银首饰制作空前精致,隋大业四年(公元608年)周皇太后的外孙女李静训九岁夭亡,葬于西安玉祥门外,随葬器物中有一条金项链(图1-35)。

图1-34 串饰·新石器时期

链条用28颗镶各色宝石的金珠串成,项链上部有金搭扣,扣上镶有刻鹿纹的蓝色宝石,下部为项坠,项坠分为两层,上层有两个镶蓝宝石的四角形饰片紧靠圆形金镶蚌环绕红宝石的宝花作坠底,下层就是坠座下面悬挂的滴露形蓝宝石。

五代、宋代的项链多由珠管制成。明清时期,贵族妇女及舞女多戴项圈,项圈上常以各色绸带作坠饰。当时未成年男女均戴一种护身锁片,称"长命锁",其质料有金、银、玉等。

(二)项圈

项圈是佩挂在颈间的一种装饰环,主要用金、银、铜等材料制作。项圈,男女都可佩戴,清代大多作为少年颈项装饰。项圈流行于明清时期,其制作如同其他饰

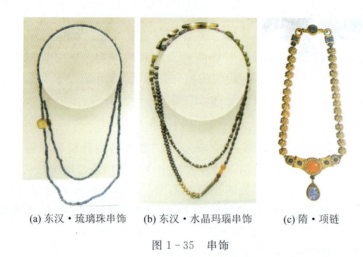

(a) 东汉·琉璃珠串饰　　(b) 东汉·水晶玛瑙串饰　　(c) 隋·项链

图1-35　串饰

物，一般富贵人家多用黄金制作，普通人家多用银、铜制作，其中以银质居多。

据说小孩脖颈上套项圈，可以将孩子"拴住"，借以保护年幼的孩子免遭疾病邪魔的侵害。因此，佩戴项圈的习俗并不是简单的装饰，而是作为祛病辟邪的象征物，寄托着父母对孩子的无限爱意。汉族妇女和孩童戴项圈的习俗一直持续到20世纪50—60年代，而在某些偏远地区至今仍然存在。项圈的形式多种多样，主要有以下两种。

1. 封闭型项圈

封闭型项圈的特征是：直接用银条弯曲成圆圈，圈径粗细不一，圈成一圈后，两端左右绞绕，故能拉伸、调节圈的大小。项圈表面一般平素无纹，也有的简单錾刻花草纹样。在中国少数民族中至今仍可见到戴这种项圈的儿童（图1-36）。

2. 开口型项圈

开口型项圈下端开口，讲究的则分为三段，接口处机钮相连，下部端口处左右各焊接银片，银片上打孔，再用一

图1-36　封闭型项圈

银锁套入左右孔锁住，民间称这类项圈为"银锁"、"项圈锁"。这类项圈既有平素无纹的、简朴的类型，也有击锤段、模压、镂空、錾刻、焊接等诸多工艺的繁复奢华品种（图1-37、图1-38）。

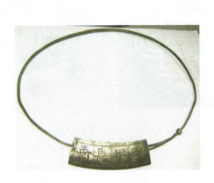 

图 1-37　开口型项圈　　　　图 1-38　项圈锁

（三）长命锁

长命锁是旧时儿童所佩戴的一种饰物,是极具有时代特征的民间饰物。它的前身是"长命缕",始于汉代,人们为避不详,端午节时悬挂于门楣的五色丝线,至明代演变成儿童专用颈饰,后逐渐发展成长命锁。按旧俗,孩子满月或百天时,须佩戴长命锁,据说能锁住小孩子的魂魄,祛病消灾,降妖辟邪。按老规矩,婴儿佩戴的银锁,要等到结婚时才能取下来,之后由父母收藏。据说这样无论孩子走多远,其魂魄依然由父母长久地"锁住",孩子因此能禳祸避灾,避免不测。长命锁在苗族、水族等少数民族中称"压领"（长命锁与压领的异同后文也有介绍）。

长命锁通常不可以打开,也有少部分附有钥匙,可以开合。有些尺寸较大、分量很重的麒麟送子的银饰或银锁,只是在孩子满月或周岁等纪念日才象征性地戴一下。

常见的长命锁形式主要有两种。

1. 单片型长命锁

单片型长命锁形式为一银片,厚薄各异,表面模压、錾刻各种吉祥纹样。一般来说,使用压模锤锻工艺的多为单面工,银片较薄,而使用錾刻工艺的多为双面工,银片较厚（图 1-39）。

2. 双片型长命锁

双片型长命锁分正、背面,有厚度（0.5～1.5cm 不等）,正面常为吉祥文字,如"长命百岁"、"五子登科"、"长命富贵"等；背面则有真禽瑞兽、佛道仙人、花鸟人物等吉祥图案（图 1-40）。

长命锁的外形一般为如意形,也有腰子形、寿桃形、长方形等其他形状,其中如意形长命锁多缀有坠饰,坠饰多为银链、银铃、银片等（图 1-41）。

图1-39　单片型长命锁　　　　　图1-40　双片型长命锁

(a) 莲花长命锁　　(b) 方形长命锁　　(c) 如意形长命锁　　(d) 麒麟送子长命锁

图1-41　长命锁

今天越来越多的人开始重新看待与思索传统文化的价值与意义,同时怀旧正成为一种时尚,于是我们又可在首饰店里见到数量不多的新做的传统样式的银质长命锁,但其做工、纹样都无法与过去相比,更为重要的是其表面泛着一层新灿灿的亮光,而缺乏由岁月造成的由里而外的柔顺包浆。

(四) 璎珞

璎珞是古代用珠玉串成的装饰品,多用于颈饰,又称"璎珞"、"华鬘"。它原为古代印度佛像颈间的一种装饰,其形式颇为繁琐,以颈饰为龙头,下垂饰胸部,直到脚踝,有的还与臂饰相连,灿烂绚丽。后来在南北朝时期,璎珞随着佛教一起传入我国,而在唐代被爱美求新的女性所模仿和改进,变成了项饰。

图1-42　璎珞

它形式比较大,非常华贵。此后,璎珞在不同的民族和阶层的女性装饰中很受欢迎(图1-42)。

(五)朝珠

朝珠是清朝礼服的一种佩挂物,挂在颈项垂于胸前。朝珠共108颗,每27颗间穿入一粒大珠,大珠共4颗,称分珠。

清代的朝珠多用东珠(珍珠)、翡翠、玛瑙、琥珀、珊瑚、象牙、蜜蜡、水晶、沉香、青金石、玉、绿松石、宝石、碧玺、伽楠香、桃核、芙蓉石等琢制,以明黄、金黄及石青色等诸色绦为饰,由项上垂挂于胸前(图1-43)。

清代朝珠的绦用丝线编织,颜色等级分明:明黄色绦只有皇帝、皇后和皇太后才能使用,全绿和金黄色绦是王爷所用,石青色绦为武四品、文五品及县、郡官所用。朝珠的大小质量也表示了官位的高低,官员觐见皇帝时必须伏地跪拜,只要朝珠碰地,即可代替额头触地。朝珠的直径越大,珠串就越长,佩挂者俯首叩头的幅度就可减小,这可以说是皇上对不同官职的不同恩赐。

(a) 青金石朝珠　　　　　　　　(b) 东珠朝珠

图 1-43　朝珠

小测试

1. 项间装饰品最早可以追溯到(　　　　)时期。

2. 在古代佩挂在颈间的一种装饰圆圈称(　　　　),作为祛病辟邪的象征物;同时小孩满月或百天时,须佩戴(　　　　),据说能锁住小孩子的魂魄,祛病消灾、降妖辟邪。

3. 长命锁的外形一般为(　　)形,也有(　　)形、(　　)形等。

4. 魏晋南北朝时期,随着佛教的盛行,(　　　　)项饰开始流行。

5. 朝珠共有(　　)颗,每(　　)颗间穿入一粒大珠。其中大珠一共(　　)颗,称为(　　),朝珠越长说明官员的职位就越(　　)。

6. 请简述项圈的类型。

7. 请简述长命锁的类型。

四、古代臂饰

臂饰是套在腕间或臂上的饰品,主要包括瑗饰、臂钏饰、镯饰类。臂饰起源可以追溯至新石器时代,那时玉瑗饰、陶臂钏饰就已作为首饰来装饰人们的日常装束。随着金属工艺技术的出现,臂饰材料选择范围日益广泛,做工也日渐精美。

(一) 瑗

瑗是我国从新石器时期流传下来的一种臂饰,扁圆而有大孔,即扁圆环形。古代圆形器,孔径大于边径的为瑗,边径大于孔径的为璧,边径与孔径相差无几的为环。瑗有石、牙、陶、玉等多种材质,早期的瑗以玉居多(图1-44)。

商代瑗饰颇受女子的青睐,其形式也日趋丰富。到了战国时代,瑗饰无论在外形还是做工中都力求精美,但随着金属的大量出现,玉瑗逐渐被金属手镯所代替。

图1-44 玉瑗

(二) 手镯

镯字从金,古称"环"或"钏"。

新石器时期的手镯多以玉石为材料,金属制手镯早在商周时期即已出现,至两汉时期金属手镯逐渐增多,其中西汉以青铜制手镯为主,东汉至魏晋时期盛行银制手镯(图1-45)。

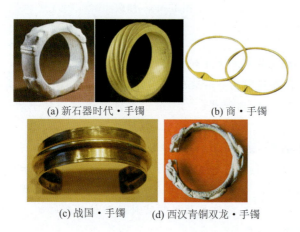

(a) 新石器时代·手镯　(b) 商·手镯

(c) 战国·手镯　(d) 西汉青铜双龙·手镯

图1-45 手镯

隋唐至宋朝,妇女佩戴手镯很普遍,不仅仅限于宫廷贵族,平民百姓也十分热衷。唐宋以后,手镯的材料和制作工艺有了高度发展,有金银手镯、镶玉手镯、镶宝手镯等(图1-46)。

(a) 唐·金镶玉手镯　　　　(b) 唐·金手镯　　　(c) 宋·錾刻银手镯

图1-46　手镯

到了明清时期,无论在手镯款式造型还是工艺制作上都有了很大的发展,同时银质手镯相当流行,其制作工艺主要以錾刻为主,主题多带吉祥寓意(图1-47)。

(a) 清·金镶九龙戏珠手镯　　(b) 清·伽楠香木嵌金珠　　(c) 清·金镶珠叶形手镯
　　　　　　　　　　　　　　　寿字手镯

图1-47　清·手镯

明清时期的银质手镯的装饰题材大致可分为祥禽瑞兽、花卉果木、人物神仙等,其中以花草纹样最为普遍,常见的有牡丹、莲花、梅花、菊花、竹、灵芝、石榴、桃、佛手、葡萄、葫芦、卷草纹等;祥禽瑞兽有龙、凤、鸟、十二生肖、狮子、松鼠、蝙蝠等,以松鼠葡萄最为常见;人物题材的手镯相对较少,见过的有童子莲花、八仙、福禄寿三星、和合二仙、刀马人物以及戏曲故事,如西厢记、梁山伯与祝英台、打金枝等。除此之外,还有暗八仙、八吉祥、八宝、琴棋书画、文房四宝、吉祥文字、吉祥符号等内容。

明清时期的银质手镯风格各异,其基本形式一般分为开口型与封闭型两大类。

1. 开口型

开口型手镯即开放式手镯,主要包括圆形开口式和扁形圆形开口式。

(1)圆形开口的有素面或素面起棱的简约样式,也有模压、錾花、镂刻、焊接、累丝等组合工艺制成的繁复品种(图1-48)。

(a) 圆开口型素镯　　　　　(b) 圆开口型麻花镯

图1-48　开口型手镯

（2）扁圆形开口形式与圆形开口形式基本相似，只是端口常有对称方形或长方形装饰（图1-49）。

(a) 扁圆形开口式手镯　　　　(b) 扁圆形开口式手镯

图1-49　扁圆形并口式手镯

2. 封闭型

封闭型手镯即一个环状的，没有开口手镯，主要有圆箍型和卡口型两种形式。

（1）圆箍型手镯接口处焊死或圈成环后，两端左右绞绕调节环的大小（图1-50）。

（2）卡口型一般由两个半圆组成：一端以合页相连；另一端设有各类卡口装置，可任意开启与闭合，有的卡口两端以银链相连。这类手镯往往工艺复杂，构思巧妙（图1-51）。

图1-50　圆箍型手镯　　　　　图1-51　卡口型手镯

（三）臂钏

臂钏又名"跳脱"、"条脱"，是由锤扁的金、银条盘绕旋转而成的弹簧状套镯，少则三圈，多则五圈、八圈、十几圈不等。根据手臂至手腕的粗细，环圈由大到小相连，两端以金银丝缠绕固定，并可调节松紧（图1-52）。

据记载，最早的臂钏饰材质并非金属，而是陶质材料，直至金属出现后，金属臂钏才大量涌现。西汉以后，由于受西域文化与风俗的影响，佩戴臂环之风盛行（图1-53）。

图1-52　条脱

图1-53　陶·臂钏

小测试

1. 中国古代最早的臂饰是以（　　　　）形式出现于（　　　　）时期直到（　　　　）时期才被金属手镯代替。
2. 金属制手镯在（　　　　）时期即已出现，西汉多以（　　　　）手镯为主，（　　　　）时期盛行银制手镯。
3. 古代臂钏又称（　　　　）和（　　　　）。
4. 最早的臂钏材料不是金属而是（　　　　）。
5. 请简述明清时期银制手镯的类型。
6. 从手镯镯体来看，手镯多分为哪三种类型？

五、古代手饰

古代女子们对纤纤玉手的保养和装饰，向来十分重视。手部装饰，不仅讲究饰戴形色各异、精彩纷呈的指环，也同样着重皮肤的保养、蓄养与涂染指甲。其中为保护指甲而饰的指甲套是古代女子手部装饰中典型的习俗。

（一）戒指

古时戒指又称"指环"、"约指"、"手记"等，是戴在手指上的装饰品，为男女同饰之物。

新石器时期的戒指用材单一，主要以骨、玉为主。青铜戒指出现于商周，衰退于两汉,魏晋南北朝时期金银制以及镀金戒指开始流行。明清时期的戒指多运用金、银及各种宝石等高贵材质。此外,当时的贵族男子喜欢佩戴"扳指"于右手拇指或两个拇指上(图1-54、图1-55)。

图1-54 青铜戒指

清末银质戒指成为民间最常见的首饰之一。事实上,在古代我国用银锭、银元宝、银币等打制银饰的习俗曾广为流行,并一直延续到民国年间。一些银币藏家认为,不少中国古代银币品种的缺失与广泛的民间首饰制作有一定的关系。银质戒指的工艺方法有模压、锤锻、镂空、累丝、镶嵌、焊接、银镀金、烧蓝等。

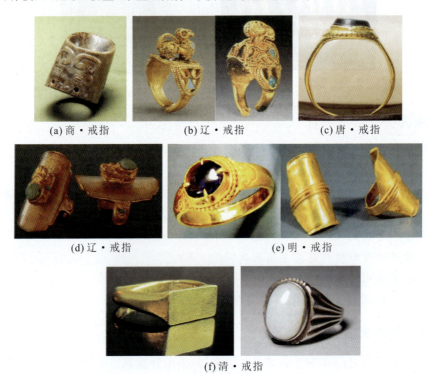

(a)商·戒指　　(b)辽·戒指　　(c)唐·戒指

(d)辽·戒指　　(e)明·戒指

(f)清·戒指

图1-55 戒指

现留存于民间的银质戒指大部分为清至民国年间的产品,其基本的形式可分为活口型、封闭型、镶嵌型三种:活口型戒指最为普遍,活口是指环接头相搭,不焊死,可根据手指的粗细调节宽窄(图1-56);封闭型,是指环封闭,不可调节(图1-57);镶嵌型,是指以银质戒面镶嵌玉石珠宝的形式(图1-58)。

第一章　中国古代首饰

图1-56　活口型　　　　图1-57　封闭型

图1-58　镶嵌型

除此之外,银质戒指特有一种俗称"四连环"或"五连环"的样式。这种类型的戒指有四五个银环,戒面曲折交错,环环相扣,一旦松散,则很难组装回去,所以平时须以丝线缠绕固定(图1-59)。

(a) 寿图四连环戒　　　　(b) 四莲花纹戒

图1-59　戒指

从外形上看,尽管银戒指的样式繁复多变,但主要有两大类型。一类是指环,同妇女穿针纳线的顶针箍相似,戒面与指环等宽或略大于指环;另一类是戒面较大,而指环细长成条状,戒面形式多变,而指环则无太大的变化,这一类的戒指数量最多,样式变化也最复杂(图1-60)。

在中国古代,以戒指为爱情信物的历史源远流长,但并不独以戒指为凭,簪钗、

(a) 狮子绣球老银戒　　　(b) 花式老银戒　　　(c) 清·花开富贵老银戒

图 1-60　银戒

手镯也是最常见的婚定之物。而西方订婚独以戒指为凭,在西学东渐的过程中,年轻一代逐渐接受了这一西式习俗。

有研究认为,戒指是由操作弓箭时用的扳指演变而来。扳指也叫玉碟,是射箭时勾弓拉弦用的,西周至战国时期非常流行(图1-61)。王公贵族还以佩戴精美玉料制成的玉碟为荣,显示其地位和身份。玉碟作椭圆形,中有一孔可以戴入成年人的拇指,侧面突出的小钩用来勾弓弦,后壁上的小孔可以穿绳而挂在身上,防止丢失。古人射箭时,

图 1-61　玉碟

为了防止弓弦勒伤手指,往往用兽骨、小竹筒或玉、石等材料制成小圆筒,套在右手拇指上,以起到保护手指及减少摩擦的作用,这种用具被称为"扳指"。扳指在长期使用过程中,逐渐演变成一种装饰品——戒指。据说,进入阶级社会后,戒指曾一度成为宫廷嫔妃们的避忌标志,宫嫔一旦行经或怀孕,就要在左手戴金质戒指,以示无法接受招幸,平时则戴银质戒指。

(二)护指(指甲套)

爱美的女子在修剪好玉甲之后,以凤仙花或指甲花来涂染指甲之风俗源于宋代,而留长的指甲,因为很容易折断损坏,所以早在战国时期,人们就用指甲套来保护美甲。

护指又名"指甲套"、"义甲",选材多样,制作相当精细,流行于达官贵族中。尤其是在清朝,用金、银制作成的指甲套,纹饰极为华丽,长自 4cm 至 14cm 不等(图1-62)。

故宫旧藏护指,有铜镀金镂空万寿无疆纹,有银镀金镂寿蝙蝠纹,有银镀金镂空嵌珠宝,有梅花加珐琅彩竹纹、金镂空连环纹、菊花纹、兰花纹,还有铜镀金镂空嵌米珠团寿纹等,纹饰不一。

图 1-62　指甲套

小测试

1. 戒指在中国古代称（　　　）、（　　　）和（　　　）。

2. （　　　）指环出现于商周时期，衰退于两汉；（　　　）时期流行金银制指环和镀金戒指；到（　　　）时期金质指环大量流行而银制戒指的数量有所减少；到清朝，男子的拇指流行佩戴（　　　），到清朝末年（　　　）戒指成为民间最常见的首饰之一。

3. 古代女子为了保护美甲出现了（　　　），它又名（　　　）和（　　　），最早出现在（　　　）时期，尤其到（　　　）时期，它的制作相当精细、装饰非常华丽。

4. 请简述现存民间的银制戒指的类型。

5. 从戒指的外形来看，主要分为哪两种类型？

六、古代佩饰

古代佩饰，主要是指装饰于服装外，悬于腰际之间或与服装相搭配的装饰品。我国早在新石器时代就有形式美观、内涵深厚的佩饰，他们向后代不断地展示着前代先人的智慧与心血，流传千古，为我们现代人的佩饰装饰创新，留下了许多的启示。

（一）腰坠

腰坠是古人挂在腰部的各种各样的小装饰，它是衣服出现的产物（图 1-63）。人们通常将一些小工艺品坠挂在腰带上作装饰。腰坠的种类有很多：有小珠组成的腰箍，有各种动物造型、人物造型的小坠饰，还有环形坠、圆形坠等。腰坠的制作材料有兽骨、玉石、金、银等。

腰坠最早出现于新石器时代，多以玉璜形式出现，曾出土的有鱼形腰坠、人兽形腰坠。商代的腰坠以写实及变形的人形、动物形为主。周代以后，由于玉佩制度的制定，人们多佩挂各种形式的组列玉佩，但精巧别致的人形、动物形小坠饰仍是大家所钟爱的。汉唐以后,不仅流行单件坠饰,也流行组列坠饰,许多坠饰都带有祈福求安之意。明清时期各种环形、圆形、葫芦形及长方形腰坠比较多见,此时期更加流行吉祥坠。

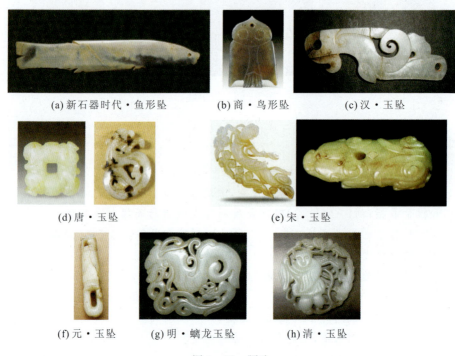

(a) 新石器时代·鱼形坠　　(b) 商·鸟形坠　　(c) 汉·玉坠

(d) 唐·玉坠　　(e) 宋·玉坠

(f) 元·玉坠　　(g) 明·螭龙玉坠　　(h) 清·玉坠

图 1-63　腰坠

(二)玉佩

玉佩可以说是腰坠的一种佩戴形式。古代有种说法:人步履的缓急是根据人的尊卑而定的,越是尊贵,行步越需缓慢,而佩玉也必有所不同,绳上的玉佩彼此碰触,会发出各种声响,其目的在于掌握行步的节律,因此玉佩俗称"禁步"。古人以为,心态平和、步履从容,则玉佩之声缓急有度、清雅悦耳;若心浮气躁、步伐凌乱,则玉佩音律失和、节奏杂乱,此为失礼。

玉佩同时又称"杂佩",有大佩及装饰佩之分。大佩一般在举行盛大的活动时佩戴,定有一套制度,而装饰佩是人们行走时的日常佩饰,组合较随意。

玉佩由玉珩、玉璜、玉琚、玉瑀、玉冲牙等组成,中间还杂批珠。衡是横在玉佩上端的玉饰,从出土的实物看,有的也横于玉佩中部。衡的形状最初多呈长方形,后来演变成三角形等。璜是玉佩中带弧度的条状玉饰。瑀是玉佩中间的圆形玉饰。琚一般追挂在瑀的左右两边。冲牙是玉佩最下端中间的玉饰。

图1-64是西汉南越时期所出土的右夫人组玉佩，由9件玉佩饰、10粒金珠和1粒玻璃珠共20件组成，是诸妃7套组玉佩中最精美的一套。

春秋战国时期开始流行佩戴玉佩。到秦朝，繁缛的礼仪使玉饰的佩挂也逐渐复杂化，人们将纯洁的玉与高贵的品德相联系，用玉来约束和规范人们的思想与行为，贵族士大夫们争相佩玉，形成气势堂皇的组列玉佩。

西汉初期，连年的战乱使玉佩之制废弃并失传，但随意性较强的装饰佩却始终盛行不衰，直到汉末，玉佩之制再一次被废除。

魏晋时期，玉佩制度又一次恢复，唐宋时期玉佩再次流行，元明时期的玉佩均成双成对佩挂在腰带两侧。清初，玉佩制度因满人的入关、服饰的变异而从此废止。

（三）带钩

带钩，古又称"犀比"，它是古代贵族和文人武士所系腰带的挂钩，与后文中世纪时期所流行的"带扣"的功能十分相似，为男子的腰饰。早期带钩多以青铜铸造，

图1-64 玉佩

后期多用玉质材料制作，也有用黄金、白银、铁等制成，多采用包金、贴金、错金银、嵌玉和绿松石等工艺。

带钩起源于西周，战国至秦汉广为流行，是身份的象征。西汉时期是古玉带钩发展的鼎盛期，玉带钩的制作在继承战国时期器型和技法的基础上又得到了进一步的发展和创新（图1-65、图1-66）。图1-65为战国时期的鎏金包金嵌松石龙虎斗青铜带钩和错金银龙纹带钩。图1-66为西汉年间的嵌玉琉璃鎏金青铜带钩和八节铁蕊龙虎玉带钩。

东汉至魏、晋、南北朝，是带钩制作的衰落阶段，带钩数量锐减，类型单调，这说明此时带钩的实用意义在减退，这种情况一直延续到唐宋时期。

图1-65 战国·带钩

图1-66 西汉·带钩

到了元、明、清三代,带钩的制作开始回升,出土和传世的数量很多,并且造型优美、技艺高超、玲珑奇巧、颇有神韵。这表明带钩在这时可能已由实用性逐步转向了玩赏性。此时期玉带钩一般都有花草、动物的浮雕和立雕,钩首多为龙头形,以龙螭纹相组合的龙带钩最为精美(图1-67)。

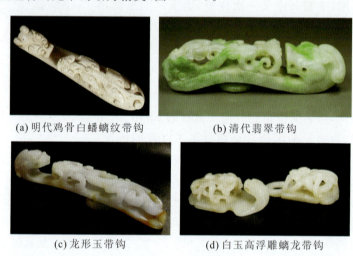

(a) 明代鸡骨白蟠螭纹带钩　　(b) 清代翡翠带钩

(c) 龙形玉带钩　　(d) 白玉高浮雕螭龙带钩

图1-67 带钩

(四)日用挂件

古人衣服不设衣袋,许多日用品都挂在腰带上,以备随时取用。腰带上一般挂有挂梳、觿、佩刀、缝纫工具、取火工具、荷包、香袋、牙签、耳挖等。

1. 挂梳

梳子原本是梳理头发或装饰头部的物品,为了携带方便,有些梳子的梳背被钻上了小孔,穿上绳带,坠挂在腰上,这种可坠挂的梳子早见于新石器时代的墓葬中(图1-68)。

2. 觿

觿是一种形似野兽牙齿的解绳结工具。原始社会，人们以野兽的牙齿作为装饰品坠挂在身上。有时为了结绳，人们也常常用尖锥状的兽牙来帮忙。后来人们模仿牙齿的形状，将骨、角、玉或金属制作出一头尖、一头粗，略呈弧度的解绳结工具——觿。其实许多觿早已失去了使用功能而演变成一种纯美饰性的装饰品，但在北方地区，一些游牧民族直到近代，仍在使用一种角质觿或铜质觿（图1-69）。

图1-68 挂梳

图1-69 商代、战国和汉时期的觿

3. 佩刀

作为日常生活用品的小刀，也是古人腰间的挂饰。先秦时期，佩刀又称"容刀"。佩刀的材质有牙质、骨质、角质、玉质、铁及青铜等。夏商时期流行佩挂刻刀，有玉质、骨质等制成的刻刀。从出土的刻刀来看，刀柄以各种动物造型作装饰，有乌龟、鹦鹉、鱼等，雕琢细腻、形象生动，不仅实用，还是绝好的装饰品（图1-70）。

图1-70 商、汉、唐、明、清时期的佩刀

4. 银饰件

银质佩饰中最有代表性的当属所谓"银饰件",其基本形式为:以单支银链下坠一片较大的银片,下垂三串或五串、七串小银链,银链下端挂刀、枪、剑、戟、耳挖、刮舌器、镊子、牙剔、铃铛等饰件。明清时期此类佩饰一般人家多用银制,而富裕人家则用金制。金制饰件成为"金饰件"或"金三饰"、"金七饰"等。明代妇女的佩件有"坠领"与"七饰",在胸前的佩件叫"坠领",在群腰的佩件叫"七饰"(图1-71)。

银饰件中的刀、剑等兵器形坠饰,有辟邪压胜的喻意,以兵器形为佩饰早在晋代即有记载。坠饰中的耳挖、镊子、牙剔等则有实用功用,如旧时代的妇女闲暇无聊,常用耳挖挖耳自娱打发时光。铃铛是银质佩饰中最常使用的物件,加之坠饰彼此相触,在女子行进之际会发出细碎、悦耳的声响,有环佩叮当、古代犹存之感,体现出那一时代的女性所特有的风情与韵味。

图1-71 银饰件

5. 缝纫工具

缝纫工具是古代妇女随身携带之物,其形式主要是用来盛放缝衣针的针管。它一般以象牙或兽骨制成,也有金属制品。管内插布芯,布芯是用布包棉花缝制成棒状,针便扎在布芯上,管的外壁一般都进行一番雕饰,管下还要坠以彩色缨穗,管的上端有坠挂用的钻孔(图1-72)。

6. 取火工具

追挂在腰间的取火工具有木燧、金燧、火镰(图1-73)。

图1-72 针管　　　　　　图1-73 火镰

7. 鞶囊

鞶囊是古人坠挂在腰间的小口袋,因最初多以皮革制成而得此名,又因坠挂腰的旁侧而称"旁囊"。鞶囊主要用来盛放一些日用零星杂物或小食品,后来还放置烟叶等。有官品的人,以此盛放绶印,宋代以后,改成荷包、茄袋、顺袋。

鞶囊至迟出现于春秋战国时期,汉魏时期流行佩挂兽头鞶囊。所谓的兽头鞶囊是指在鞶囊上绣兽头装饰。唐朝的鞶囊千变万化,形式各异,且相当盛行,在出土的石刻、绘画、陶俑中可见大量佩戴鞶囊的人物形象。宋代以后,鞶囊不仅名称改变,花样也不断翻新,改名为"荷包",多采用丝织品材质,荷包上多刺绣"福禄寿"等吉祥字样。清代及近代传世品荷包中有壶形、心形、葫芦形等多样造型(图1-74)。

(a) 清·鞶囊

(b) 清·荷包

图1-74 小口袋

8. 香囊

香囊又称"香袋"、"香包"、"香荷包"、"熏囊"等,先秦时期称"容臭",是历代妇女、儿童佩挂在腰间的饰物,用以熏香身体。香囊中盛放的香料有对人体有益的草药,但主要放一种被称作"薰"或"蕙"的香草。

香囊是用罗绢缝制而成的。唐代以后以金属制成的香球及香坠十分流行,各种形式的香囊在宋、辽、元、明墓葬中均有出土(图1-75~图1-77)。

图1-75 宋代·金香囊　　图1-76 明代·香囊　　图1-77 清代·香囊

图1-78中的香球是以两个半球体利用合页相连而成,开闭处备有勾链,球内装有盛放香料的盂,盂与球体之间以横轴相连,使香盂在晃动的情况下,始终保持平衡状态,这样盂内香料就不会散落在外。香球的外表通体镂刻各种图案,既美观

又足以使香气充分向外散发。球的顶端装有勾链,以供坠挂,可盛放香草挂在身上,也可焚烧香料,挂于床帐上。

人体腰间坠挂的实用品,除上述物品外,还有拭手擦面用的手巾,擦拭器物用的纷帨,夹物用的镊子,掏耳用的耳挖,剔牙用的牙签,盛物用的算袋、帛囊,盛放折扇的扇套以及挂表等物,真是应有尽有。

小测试

1.腰坠最早出现于(　　　　)时代,商代的腰坠主要以写实与变形的(　　　　)形和(　　　　)形为主;(　　　　)时期,人们多佩挂各种形式的组列玉佩;明清时期更加流行(　　　　)佩饰。

2.玉佩俗称(　　　),它由(　　　)、(　　　)、(　　　)、(　　　)和(　　　)组成。

3.(　　　　)时期开始流行佩戴玉佩,到(　　　　)时期玉佩逐渐复杂化,(　　　　)时期均成双成对佩挂在腰带两侧。

4.请简述我国古代的腰坠种类。

5.请简述腰坠在每个时期的发展特征。

6.请写出六种以上的中国古代的日用挂饰。

图1-78　香球

第二章 外国古代首饰

本章主要讲述外国古代首饰,包括外国上古时期(古西亚、埃及、希腊、罗马时期)的首饰、中古时期(主要指欧洲中世纪时期)的首饰以及下古时期的首饰。古西亚、埃及、希腊、罗马人创造了辉煌的古文明,并创造了各具特色的古代手工艺品,首饰就是其中的一类。它们代表着本土的特征,诉说着各地的文明,为我们留下了美的东西,值得我们去欣赏、去研究、去解析。

第一节 古西亚首饰

古代文明的发祥地西亚,也就是我们通常所说的两河流域、美索不达米亚地区。美索不达米亚文明最早创始人是苏美尔人,与古国文明不同的是,当时的苏美尔人并没有形成统一政权领导下的国家,而是生活在城邦分立的状态下,曾崛起过多处杰出的文明。虽然他们早已衰落无踪,但从当时的饰品中还依稀能窥见昔日的辉煌(图2-1)。

图2-1中这些首饰是出土于乌尔皇陵遗址的苏美尔宫廷首饰。首饰是从不同的尸体上收集的,不过整体效果应该和当时的差不多。这些饰品包括:一个尖顶上饰有花朵叶的黄金发饰,一个黄金发箍,三条由青金石和红玉髓珠做成的头饰,饰有黄金叶片和青金石做成的垂饰,一对新月形的金耳环,一条由黄金、青金石和红玉髓珠做成的项链,一

图2-1 苏美尔宫廷首饰

枚带有青金石做顶珠的银质别针。皇陵中埋葬的很多侍女都戴着这样的首饰。

一、黄金与串珠首饰

西方最早使用黄金并用于首饰制作的是苏美尔人。据记载,在公元前4000年左右,其金属制造工艺达到了相当纯熟的水平。苏美尔人可以把黄金敲打成极薄的金箔,用金箔制成的树叶花瓣可以像流苏一样悬挂着(图2-2～图2-6)。

图2-2 金箔饰品　　图2-3 树叶形项饰　　图2-4 新月形的金耳饰

图2-3是一件树叶形项饰,由金片、天青石、红玉髓交替穿成。天青石的亮丽蓝色,使它在当时得到了高度的赞美,并成为财富的象征。

图2-4是一对新月形(船形)的金耳饰,形体简洁、浑厚,类似我国少数民族的银质耳环。

图2-5是悬挂着用天青石和红玉髓珠子间隔开的金环项饰。

图2-6是在金片上进行表面平行纹理处理的三角形与在天青石表面进行平行纹路处理的倒三角形串成的项饰。

图2-5 金环项饰

二、其他金质装饰品

苏美尔时期的金工工艺技术相当纯熟,除首饰外还制作了大量的金属制品(图2-7、图2-8)。

图2-6 黄金、天青石项饰

图2-7是公羊雕塑,竖琴共鸣响前面装饰的金质公牛是复原修补的,但胡须、

图 2-7　公羊雕塑　　图 2-8　竖琴正面

头发、眼镜还是原先的天青石。图 2-8 是当时王后的竖琴，制作于苏美尔时期，约公元前 2600—前 2400 年。后人在乌尔皇陵发现好几件竖琴。此件竖琴的木质部分已经腐朽成泥土了，但后人把熟石膏灌入木头腐朽部分后形成的空腔，得以把竖琴的装饰保护了下来。竖琴前面的镶嵌板是由天青石、贝壳、红石灰岩制作的，原来是用沥青黏合的。

第二节　古埃及首饰

古埃及首饰可以说是古埃及艺术的一个美丽分支。首饰的佩戴在古埃及相当广泛，社会各个基层，上至法老下到平民，不论生者、死者，人人都佩戴首饰，甚至连壁画和雕塑中的人物、动物和神灵也都佩戴有各种首饰。首饰对热爱装饰的古埃及人来说已不仅仅是奢侈品，而是与穿衣戴帽同等重要的生活必需品（图 2-9）。

一、古埃及首饰中象征性图案纹样

古埃及首饰多以各种象征性图案纹样出现，如太阳纹、鹰、蛇、圣甲虫（即屎壳郎）、苍蝇等，许多人佩戴这些首饰是因为相信它们有辟邪和保护的作用。其中，鹰在古埃及文化中有特殊的意义，古埃

图 2-9　古埃及女子图像

及人认为展翅高翔的鹰比任何人都接近太阳,所以将之视为太阳神拉和法老守护神荷鲁斯的化身。圣甲虫被古埃及人视为力量的化身,是太阳神的象征,而将带有甲壳虫的首饰作为护身符。究其原因,是因为圣甲虫具有无比大的力量,能把比自己重许多倍的粪便推动或举起来。古埃及还非常崇拜蛇,因其有特殊的寓意,象征着繁殖力和来生(图2-10)。

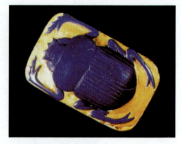

图2-10　圣甲虫金饰

二、古埃及首饰材料

(一)黄金

古埃及人认为黄金是太阳神赐下的礼物,它们像崇拜太阳一样崇拜黄金,将之视为权力和生命的象征。金饰在古埃及饰品中占有很大的比重,苏美尔人发明的金属制造工艺技术,古埃及人也都掌握了,并且将这项技术发展到极致。

(二)天然宝石

早在公元前4000年,古埃及人就已对天然的卵石和骨头进行加工,红玉髓、青金石、碧玉、长石、绿松石等是埃及首饰常用的宝石材料。这些宝石各代表了不同的寓意,埃及《亡灵书》中记录:红玉髓象征着鲜血和生命,青金石象征着纯澈的天空,绿松石象征着尼罗河的河水,碧玉象征着植物和新生,传说每一种宝石都有一位神守护。

(三)人造宝石

古埃及本土缺乏彩色石头资源,因此古埃及人们不得不寻找代用品以顶替彩色宝石,一种方法是在透明的水晶背后粘上彩色胶泥,仿制光玉髓;另一种是古埃及人使用玻璃料替代宝石,达到以假乱真的效果。可以说,古埃及人是制作人造宝石的鼻祖。

三、古埃及首饰种类

古埃及的首饰主要有头饰、耳环、项饰、坠饰、手镯、戒指、腰带、护身符等。

(一)头饰

古埃及人非常在意仪表是否俊美,所以非常注重衣着装饰,特别在头部装饰上更是花样层出不穷。头饰是身份的象征,多由黄金制成,造型多种多样,古埃及的贵族在不同场合佩戴不同造型的头冠。最典型的是法老的头冠,在法老的头饰上可经常看到蛇的纹样(图2-11、图2-12)。

图2-11　托勒密时期·法老头冠　　图2-12　公主头冠

(二)耳饰

公元前1567—前1085年即古埃及新王国时期,这个时期的埃及人开始佩戴耳环,而且很快便盛行。耳环是古埃及最晚出现的一种首饰,无疑受到了外来文化的影响。耳环的造型夸张,最常见的是宽圆环形,其耳饰造型与现代首饰中流行的波西米亚风格的首饰颇为相近(图2-13)。

图2-13　耳饰

(三)项饰

古埃及项饰一般为宽条带状,珠串形式,佩戴时整圈围绕颈部,多采用松石、玉髓之类的宝石及玻璃材质。项饰在古埃及象征着死后的复生和多子。常见的项饰几何造型突出,图案排列整齐(图2-14)。

图2-14中的这类型项饰是古埃及人佩戴的一种普通珠宝。几行垂直放置的圆柱形串珠被穿在一起形成半圆形,项饰末端背后的六个孔表明珠子原本有六串,通过末端弯角中间的孔,这些线头传出来组成两条细线,系在人的脖子上就成为佩戴的项饰。

图 2-14 项饰

图 2-15 新王国时期·项链

新王国时期晚期,帝国又开始进入混战。当时的首饰大量使用了护符和神像作为装饰元素,同时在这一时期还发现皇家首饰黄金珠、串珠相结合的饰品(图 2-15、图 2-16)。

图 2-15 中这件穿在两条平行线上的精美珠宝,反映了十八王朝晚期的一种倾向。当时的项链常常有着彩色的垂饰,像花朵、果实——它与象征经历充沛的葡萄酒有关。它们甚至可解释为给予生命的"祭品"(新王国时期的献祭常常包括敬献花束和酒),表达了

图 2-16 新王国时期·项饰

死者不仅要重生,而且要获得全新生活的愿望。项链末端系着红玉髓的莲花和一串葡萄,下面一条装饰着矢车菊,中间最大的一个是绿黄色的彩陶。两条链子通过末端带环的泪滴状金片垂饰连在一起。链子本身是由金片、红玉和红玉髓以及颜色类似这些珍贵材料的彩陶做成的珠子构成的。

图 2-16 为新王国时期的皇家首饰,多用黄金珠、串珠及镶石相结合的项链。

(四)坠饰

坠饰的式样繁多,有的还浇上釉彩,绘上鲜花图案,并刻有阿拉伯警句(图 2-17)。其功能与护身符一样,也是祈求神灵的庇护和好运气。

(a) 圣甲虫坠饰　　(b) 金坠饰　　(c) 圣甲虫坠饰　　(d) 太阳坠饰

图2-17　坠饰

图2-17(c)是一件运用金属镶嵌技术工艺而制作的坠饰,图中这件作品圣甲虫的头部和身体是用整块玉髓直接置入掐好的金丝框内,而翅膀则是通过胶剂将多块青金石、红玉髓、绿松石等直接置入掐好的金丝框内,从这件饰品上可以看出,当时的镶嵌制作工艺已经初步趋向完美。

(五)手镯

在古埃及社会的各个阶层,上至神灵法老,下至平民百姓都佩戴各式手镯。手镯呈宽条带状,搭扣设计精巧,使首饰能紧扣在手腕上。古埃及人有时双手佩戴一模一样的手镯,这个习惯与古埃及人崇尚对称美和秩序美有一定的关系(图2-18)。

图2-18　手镯

(六)戒指

在古埃及,戒指的用途很广泛,除了基本的装饰功能之外,还有一种印章戒指,主要用于在文书和信件前盖印章,便于携带。此外还有一种护身符戒指的主题,其表现形式常常借助于一个动物形象,在埃及人的眼里,动物是重生的标志,因此以圣甲虫等动物作为戒面的戒指也较为流行(图2-19)。

图 2-19 戒指

古埃及艺术和首饰在风格上表现一致,不仅仅因为首饰是艺术的一个分支,更因为艺术和大部分的首饰同样都是为古埃及统治者和宗教服务,从而造就了古埃及首饰独特的装饰风格。具有代表性的古埃及设计元素有圣甲虫、鹰、蛇等,多次被应用于现代首饰设计中,为首饰蒙上了一些远古、神秘的色彩。

小测试

1. 古埃及首饰的材料归纳起来主要有(　　　)、(　　　)和(　　　)三大类。
2. 在古埃及法老头饰中经常看到(　　　)的纹样,因为它有特殊的寓意,象征着繁殖力和来生。
3. 请列举三个以上古埃及的象征性图案纹样。
4. 请简述古埃及项饰的发展特征。

第三节　古希腊罗马首饰

古希腊的碧水蓝天、宜人的气候,以及自由民主的制度环境都促使当时追求美的艺术疯狂地发展,富有想象力的希腊神话是艺术灵感的源泉。工匠们在首饰上冷静地雕琢着,不容许一丝的失误,对人们而言,不美是一种罪过。

古希腊罗马时期也可以看作是欧洲古典艺术时期。学界中常引用的中式评述——希腊、罗马不分家,二者共同成就了古典文明的辉煌。当时的首饰艺术也是如此,希腊时期的首饰从款式及制作工艺可以说达到了极致,尤其是黄金首饰更是美轮美奂。而罗马首饰是希腊首饰的继承和发展,同样也为后人创造了大量的精湛首饰。

一、古希腊首饰

古希腊首饰常常从大自然获得灵感与神话有关。在神话里,某些神也同特定的植物联系在一起。古希腊古典主义时期和希腊化时期是古希腊首饰发展的典型时期,与其他阶段的首饰相比有一定的特色。

(一)古希腊古典主义时期首饰

公元前475—前330年之间属于希腊的古典时期。古典时期的首饰多采用自然元素,同时金银累丝工艺常用于制作图案,珐琅镶嵌工艺更为流行(图2-20、图2-21)。

图2-20 常春花花蕾项链

图2-21 金制花冠

图2-20是常春花花蕾项链。这条项链因其素朴之美和组成部分的不同寻常而著称。它由42朵常春花花蕾组成,其间点缀着34颗小巧简单的球状小珠。常春花(又称"桃金娘")花蕾和串珠都由两个对半薄金片制作而成,花蕾悬挂在横向穿过球状小珠的管上,然后再与串珠一起穿在绳子上。

图2-21的金制花冠制作于约公元前350年。这是一顶有叶子和果实的金质常春藤花冠,一般在祭祀、仪式和宴会等特殊场合佩戴。金质花冠只有贵族和有钱人才有资格佩戴。

图2-22 饰有爱神的盘状耳环

到了公元前4世纪中期,耳环的数量激增,并首次挂上了人形垂饰,这种风格成为之后希腊化时代的典型风格(图2-22)。与之同风格的精致项链也开始出现,上面带有橡果、鸟首和人首等流行的垂饰。

图2-22是饰有爱神的盘状耳环,这对耳环在整个希腊古代都是一种非常流行的样式,因为它融合了吸引人的主题和复杂的工艺。长有翅膀的爱神厄洛斯有

着孩童般圆胖的小脸,挂在有着均匀颗粒状的圆盘下面。这里的圆盘有三个同心的金圈,在内部有着颗粒的部位上,焊接着小三角珠,然后所有这些都固定在凸起的外圈上。厄洛斯的形象是体态匀称,腿部是实心的,但上半部中空,以便与单独制作的金翅膀相接。耳环的细节制作精巧,翅膀上的羽毛和面部特征细致入微。在希腊神话中,厄洛斯是阿芙洛狄特的儿子,也是爱情的使者。在这件展品中,他手拿小纸片,也许是封情书,使得整个耳环成为独具女性魅力的首饰。

(二)希腊化时期的首饰

公元前325—前30年这段时期是希腊化时期。在进入希腊化时期后,黄金饰物的数量又重新多了起来,工匠的专业知识也更加丰富。在宝石材料中,石榴石开始被大量地运用到首饰制作中,来自埃及的绿松石、紫水晶和来自红海的小珍珠,在公元前2世纪至公元前1世纪左右也开始被使用。

这一时期新的首饰样式开始出现,饰品的体系很快发生了极大的革新,这场革新的影响持续了两个多世纪。主要的革新发生在首饰的三个领域:新装饰主题、新首饰样式和新首饰品种。

1. 新装饰主题

希腊化时期之初,首饰在装饰主题上出现了赫拉克勒斯结,这种结直到罗马时期都很受欢迎。赫拉克勒斯结最初可能来自埃及,是古埃及人的一种护身符,其历史可以追溯到公元前2000年(图2-23、图2-24)。

图2-23中展示的可能是一条头带的一部分,制作时间可以追溯到公元前3世纪。它是由三条螺旋的黄金带构成的,中间的一条装饰着花形图案,正中的平结装饰着珐琅,还镶嵌了一颗磨圆的石榴石。

图2-23　公元前3世纪·头带

图2-24中是一个头带的中间部分,制作时间可以追溯到公元前2世纪,平结上镶嵌着石榴石,旁边的方形黄金上装饰着珐琅和金丝。

图2-24　公元前2世纪·头带

这一时期还有一种新月形的装饰主题,早在公元前8世纪至公元前7世纪的时候就从西亚传到了希腊。在西亚,新月形首饰被视为月神的圣物,具有久远的历史,而在希腊,它常作为项链中的垂饰出现,其制作的主要目的不仅是为了装饰,同时也具有护身符的功用(图2-25)。

图2-25是一条项链,制作时间在公元前2世纪,它的新月形垂饰装饰着金丝,镶嵌着石榴石。

2. 新首饰样式

在这一时期,希腊首饰中出现了一种全新的样式:带有兽首或人图案的耳环。它们直到罗马时期仍非常流行(图2-26～图2-28)。

图2-25 新月形项链

图2-26 饰有酒神祭司头像的耳环　　图2-27 狮头形耳环　　图2-28 饰有猫和酒瓶的耳环

图2-26是饰有酒神女祭司头像的耳环。这类表现酒神女祭司头像的耳环,在地中海东部的大部分地区,尤其是在叙利亚,流传甚广。此款耳饰中酒神女祭司的头是用两片对半金叶制成;耳环制作追求面部特征和头发的细致入微,背后头发和用常春藤叶子编织的花环则采用了金丝细工加工工艺;后排的常春藤叶子和女祭司的眼睛原来可能还镶嵌着彩色的珐琅釉,使整个制品显得活泼生动;衣领则以复杂的螺旋金银丝细工工艺加以装饰。

图2-27是一款狮头形耳环,复杂的制作技巧和精致的手工使得这对耳环成为另一种广受喜爱的类型代表。狮子头和鬃毛由金属薄片制成。耳环是扭结的金丝缠绕在金片制成的金管外面制成的。狮子的颈部以珠状金丝分界,并用螺旋形的金丝和叶子装饰。眼睛原来以彩釉涂层装饰,创造出了一种漂亮的亮光反差效果。

图2-28是饰有猫和酒瓶的耳环,比起常见的狮子或公牛头来,很少见到山猫头由两个对半金片制成。匠师把薄薄的金片紧紧地包在青铜模子上,然后再通过

精雕细刻来表现细节。耳环由扭成螺旋状的金丝构成,单双交织,逐渐变细成一条线,勾入山猫嘴下面的一个圆环中。耳环下面增添了一个双耳瓶坠,它是由卵形石榴石珠和镶嵌在两端的颗粒状金饰帽组成的。瓶坠的顶端是两个涡形长柄,最下部的尖底处有一个绿色小玻璃珠,在瓶底部的下面原来也可能另外挂着其他的坠饰,但现在均已从两只耳环上丢失,变成辫状的金链围绕着双耳瓶坠,一起挂在耳环箍上。山猫头、双耳瓶和石榴石都涉及到印度和酒神狄奥尼索斯,据说他是从东方来到希腊的。

3. 新首饰品种

这一时期也开发出了新的项链品种,带有动物头装饰或银币的项链最为流行(图2-29、图2-30)。

图2-29 狮头垂饰项链

图2-30 银币垂饰项链

图2-30是银币垂饰项链,在整个古希腊罗马时代,铸币已用于珠宝的配件中。这条项链以扭结的金线箍串连着26颗石榴石,中间挂着金线镶边的银币吊坠。银币正面是希腊化国王安条柯斯二世(公元前261—前246年在位)的肖像,背面是一位坐姿的神像。这枚银币挂在项链上的时间至少有一个世纪了,它也许曾是流传下来的传家宝。从整体看,这条项链是把真正的钱币与首饰结合在一起的早期范例。

当时最重要的技术改革,就是启用了镶嵌宝石和彩色玻璃的彩饰法(图2-31)。

图2-31是一枚蛇饰透雕戒指。这枚华丽的戒指由两根金丝扭成箍状,环绕在宝石戒指周围,然后金丝末端做成两对蛇头形。在箍的底部,金丝相接的地方,是小金粒组成的圆形装饰。椭圆形的戒面以更

图2-31 蛇饰透雕戒指

细的双绞线为界,中间的石榴石镶在一个精心制作的颗粒装饰的座上。嵌在金质串珠环绕中的梨状石榴石,又被焊在两对蛇头连接处的中间。

二、古罗马首饰

上文中提到,古罗马首饰是古希腊首饰的继承和发展。最初,首饰无论是在造型上还是在制作工艺上都承袭了古希腊的文化传统。随着时间的推移,罗马在首饰造型上的简单朴素替代了传统的精致。罗马人的首饰形状大多是简洁的圆盘状和球形状,这种圆形设计符号可从罗马建筑形式上发现。

(一)古罗马首饰材料

古罗马人首次使用钻石,并将未经切割的钻石直接镶嵌在饰品中。古罗马初期的首饰基本上都是由黄金制成,但到这个时期末,由于宝石镶嵌技术的进步,宝石获得了越来越多人的喜爱,并被大量地用于装饰中。

(二)古罗马首饰制作工艺

古罗马的首饰制作工艺相当精湛,尤其是在古罗马后期出现了一种很受欢迎的金属镂雕制品,罗马人称

图2-32 金属镂雕制品

之为"镂花细工",其图案是用小凿子在金片上镂刻出来的。这种图案花边的效果是古代首饰中的创新,能凸显出黄金的质感。这种工艺后来在拜占庭首饰中得到了不断发展(图2-32)。

(三)古罗马首饰类型

1. 戒指

据传古罗马人率先将戒指当作订婚和结婚的标志。戒指是古罗马最流行的首饰,男人和女人手上带一个或多个戒指的行为被广泛接受。戒指由轻薄的金条制成,镶宝石戒指代表着祝福。宝石一般都是动物的造型,这种装饰方法源于古希腊,在当时最为流行(图2-33)。

2. 耳饰

耳饰在古罗马装饰中也相当普遍,材料多为黄金。当时流行两种款式的耳饰,是古希腊风格和古罗马风格

图2-33 戒指

的结合。一种是半球形的盘状耳环,采用的是没有任何修饰的朴素黄金;另一种是吊灯状耳环,一块镶嵌在黄金里的大宝石,其余的小宝石悬挂在下面(图2-34)。

图2-34 古罗马耳饰

3. 项链

当时的项链多以金属长链的形式出现,长30~40cm,甚至更长。它由金线经过精加工制成,可以在脖子上缠绕数圈,也可以垂放在胸前用球饰固定,球饰上还装饰有坠饰。此外珍珠项链、水晶项链在这个时期也已出现(图2-35、图2-36)。

图2-35 古罗马项饰　　图2-36 镂空圆盘金项链

图2-36是一条镂空圆盘金项链,项链的链子是由互相嵌合的环套结而成的,这种技术使链子更加牢固,并且外观粗糙、结实。末端是由瓦楞形薄片与盒状物构成的结构。项链中心的镂空圆盘是轮状的,但轮辐做成了月牙形,因此形成两种受人欢迎的饰形,一种象征太阳,另一种象征弯月,都是古老的天文图形。从不列颠到意大利乃至埃及的整个罗马世界,这类项链及其中心部分都有发现。

4.手镯

这时期的手镯与其他首饰风格一样,也多以动物造型出现,尤其是蛇形最多,大多都是黄金材质,成对出现,造型生动,做工精细(图2-37)。

图2-37 手镯

小测试

1. 古希腊首饰常常从(　　　　)和(　　　　)中获得灵感。
2. 古希腊的古典时期(　　　　)工艺最为流行。
3. 古希腊(　　　　)时期,石榴石开始被大量地运用到首饰制作中。
4. 希腊化时期之初,首饰在装饰主题上出现了(　　　　)结,这种结直到罗马时期都很受欢迎。
5. 希腊化时期开发出了新的项链品种,带有(　　　　)或(　　　　)最为流行。当时最重要的技术改革,就是运用了(　　　　)和(　　　　)的彩饰法。
6. (　　　　)人首次使用未经切割的钻石,并将原石直接镶嵌在饰品中。
7. 罗马人的首饰形状大多是简洁的(　　　　)状和(　　　　)状。
8. 古罗马的首饰制作工艺也相当精湛,在古罗马后期出现了一种很受欢迎的(　　　　)制品,罗马人称之为(　　　　)。
9. (　　　　)是古罗马最流行的首饰,据传古罗马人率先将戒指当作(　　　　)和(　　　　)的标志。
10. 古罗马的项链多以(　　　　)形式出现。
11. 请简述希腊化时期的首饰发展特征。

第四节　西欧早期首饰

早在公元前4000年，巴尔干半岛上的农业部落已经掌握了成熟的金属加工技术。不过多数首饰依然采用传统的贝壳、兽牙等材料制造，只有为数不多的简易小饰物采用了薄铜和黄金。金属加工技术从这里慢慢向西流传，该技术传至不列颠群岛后，那里丰富的黄金资源被利用起来，促使当地出现了佩戴大量金饰的风潮。

当时首饰制造最初较多使用黄金和铜，但是后者很快被更富弹性的锡铜合金——青铜所取代。西欧早期首饰主要有手镯、项圈、胸针。

一、手镯

青铜制品必须经过熔炼铸造，而制造精致物品所需的复杂浇铸技术那时候还没有发展起来，所以这种物质通常只能用来制作相对简单的东西（如斧子和匕首）。不过，也曾有人把制金技艺运用到青铜上，将青铜锭锤打成片，用来制造手镯和颈环（图2-38）。

图2-38是一对"苏塞克斯环"手镯。"苏塞克斯环"是一种特殊的手镯形式，它们反映出一种地域性的创新，当时华丽的装饰流行于欧洲的许多国家。"苏塞克斯环"的每一只手镯都是由一整根青铜条加工锻造而成，对折后的两头伸进中心圆环里。

图2-38　"苏塞克斯环"手镯

西欧早期人们流行佩戴一种样式简洁的开口式手镯，大部分手镯都是青铜质地，但也有采用黄金、白银等材料制作的。在公元前5世纪至公元前4世纪法国东北部的香槟省，女人两只胳膊上各戴一只手镯非常流行（图2-39，图2-40）。不过到了公元前3世纪至公元前2世纪时，只在一只手上戴手镯的情形更为常见，但在这一时期的瑞士，除了成对的手镯，人们也戴成对的脚镯。

图2-39是几种金质手镯，到青铜器时代晚期，手镯已经成为了英国和爱尔兰最重要的金质装饰品。手镯常常成堆大量发现，仅偶尔会与其他物品一起出现，这些手镯兼有英国南部与爱尔兰的风格。

图2-40为银质手镯，几条银丝相互缠绕而成，其风格与我国少数民族的银质手镯十分相似。

图 2-39 金质手镯

图 2-40 银质手镯

二、项圈

欧洲早期的首饰中还有很典型的一种饰品就是金属项圈,在一些坟墓或宝藏库中都有发现。有的是非常简洁、无装饰的金属圈,也有的是一个由多条金丝扭制而成的精致项圈(图 2-41～图 2-43)。

图 2-41 中这件金质项饰可能是一位重要妇女的饰物。这类项圈或项环在法国以及德国的部分地区很普遍。这类饰物部分以黄金制作,但更多的是用青铜制作的。

图 2-42 是一款伊尼欧文带状饰环项圈,这是一个来自爱尔兰的展品,是用一根黄金细带扭制成的。

图 2-41 金质项圈

图 2-43 是一款银质的开口项圈。

图 2-42 伊尼欧文带状饰环项圈

图 2-43 银质开口项圈

三、胸针

欧洲早期还有一种普遍的饰物,那就是被作为斗篷搭扣而戴在肩上的胸饰。从爱尔兰到土耳其,到处都发现过这种胸针,大多用青铜制造,也有用黄金、白银和铁制造的。它们通常是浇铸而成,弓部和足部大都饰有宝石(图2-44~图2-46)。

图2-44 青铜胸针

图2-45 银胸针

图2-46 青铜胸针

图2-44是约公元前400年的一只青铜胸针,它是由一枚骨质螺钉装饰,由金质螺栓连接,针扣处有雕刻的棱纹。这种款式曾广泛流传,甚至在英国和奥地利等地都有发现。

图2-45是公元前5世纪至公元前4世纪的一对胸针中的一枚银胸针。

图2-46是一种特别华丽而稀少的胸针样式,约公元前1世纪中期由青铜制造,在弯曲的部分装饰有一个精致的鸭子头。这种胸针一般出产自瑞士南部的阿尔卑斯山南部边缘、意大利北部和斯洛文尼亚西部等地。

图2-47是一件来自匈牙利的大形胸针。它比同时代外形差不多的青铜或铁质的胸针要大得多。可以想象,当它别在身披着斗篷的人的肩上时是多么的显眼。安全的别针式胸针是欧洲铁器时代的创新,这枚胸针大约是在铁器时代末期制作的,当时罗马帝国已经扩张到中欧。这枚胸针的独特之处在于它的两面都有风格化的动物图案,一面是一条鱼或者海豚,另一面是一条蛇或者鳗鱼。

图2-47 别针式胸针

小测试

1. 西欧早期首饰主要有(　　　)、(　　　)和(　　　　)。
2. 西欧早期流行佩戴一种样式简洁的(　　　　)手镯,大部分手镯都是(　　　)质地。
3. 公元前5世纪到公元前3世纪,欧洲早期胸针流行镶嵌(　　　　)。
4. 请简述欧洲早期的项圈形式。

第五节 中世纪时期首饰

史学家一般把公元 476 年到公元 1453 年称为欧洲中世纪,即欧洲的封建社会,同时也称外国古代的中古时期。提到欧洲中世纪,人们往往认为这是一个黑暗、野蛮、落后、停滞的时代,在这个时期基督教对欧洲中世纪文化起支配作用,因此在此期间的各种文化都染上了浓厚的宗教色彩,首饰文化也不例外,带有明显的基督教风格。

中世纪人们更注重衣饰和发饰,因此在此期间所留存下来的饰品表明它们通常被佩戴在衣服上,金银、宝石分别与丝绸、麻布和织锦等搭配。这个时期的男人和女人都佩戴胸针、戒指、腰带扣或帽子,尤其是胸针成为当时人们必不可少的饰物,而古希腊罗马时期流行的项链、臂环在中世纪早期却很少出现,直到中世纪后期,一些低领又贴体的衣服问世以后,人们才开始佩戴项链。中世纪首饰制品的明显特点是珐琅和宝石镶嵌工艺结合运用,首饰做工非常精湛。

一、胸针

环状胸针在中世纪首饰中最为普遍,它被用来在颈部系衣服。这种胸针常用的装饰方式有两种:一种是雕刻铭文,另一种是镶嵌宝石。到了 14 世纪,环状胸针的款式变得更多样化,有些带有立体的装饰,有些则打破了故有的圆环形状,出现了四边形和心形,心形胸针作为恋人之间的礼物尤其受欢迎(图 2-48~图 2-50)。

图 2-48　铜合金环形胸针　　图 2-49　银质镀金环形胸针　　图 2-50　心形胸针

图 2-48 是一枚来自爱尔兰的铜合金环形胸针,它的年代大约在公元 7 世纪,装饰有红色珐琅,圆形彩色玻璃镶嵌其中。环部和针部的背面都刻有装饰图案。在整个基督教时代,环形胸针是主要的胸针样式,从早期的简单样式一直发展到装饰奢华的样式。

图 2-49 是一枚爱尔兰风格的银质镀金环形胸针,它的年代大约在公元 8 世

纪。整个环部都密集地覆盖着雕刻图案,原装饰有琥珀和蓝色的玻璃,动物装饰、交织图案和玻璃镶嵌显示出当时的饰品风格。

二、坠饰

中世纪项饰常以各种精致的坠饰用来搭配领口或衣服的其他部位,做工精细,主要有两种形式:一种是具有宗教意义的"马耳他十字架形"坠饰,多黄金、珐琅制品;另外一种则是具有立体感的宫廷首饰——圣物盒,盒身有装饰纹或镶嵌宝石,盒内常绘有珐琅画,描绘朝拜圣母、圣母进殿、逃亡埃及、基督降架、基督受难等场面,效果生动,色彩丰富,类似我国藏族的"嘎乌"(图 2-51)。

(a) 马耳他十字架形坠饰　　　(b) 黄金镶宝项链　　　(c) 圣物盒

图 2-51　坠饰

三、戒指、带扣

这一时期的戒指、带扣等饰品同样带有宗教色彩。带扣主要是当时男子的专用腰饰,其功能结构类似我国早期的带钩(图 2-52～图 2-54)。

图 2-52 是一枚来自英格兰皇后的戒指,大约制作于公元 9 世纪中期。这枚戒指是非常特别的幸存物,戒指上装饰有"上帝羔羊"的图像,是救世主耶稣的象征,安放在一个十字架图案中心的圆圈里。

图 2-53 是一枚黄金带扣,镶嵌石榴石和玻璃,装饰金丝,年代约在公元 7 世纪。带扣中间的饰板上有一个扭曲的动物图案。在公元 6 世纪至公元 7 世纪,只有社会等级较高的男人才能佩戴这种带有装饰的带扣。

图 2-52　英格兰皇后的戒指　　　　图 2-53　黄金带扣

图 2-54 是一个来自英格兰的带扣,它的年代大约在公元 7 世纪。这个带扣非常特别,带扣的正面非常明显地装饰着一条金鱼,这是众所周知的基督的象征。它的希腊文名字是"伊克蒂也斯",按首字母缩写形式,可以解释为基督救世主。另外,

图 2-54 英格兰的带扣

在带扣的背面有一个空洞,由一块可抽拉的装饰板挡住。这种设计可能是用来放置死者的一点小的个人遗物。

小测试

1. 中世纪时期的首饰带有明显的(　　　　)风格。
2. 中世纪时期,受装束的影响(　　　　)成为当时人们必不可少的饰物,多为(　　　　)形状。
3. 此时期的首饰制品的明显特点是(　　　　)和(　　　　)工艺结合运用,首饰做工非常精湛。
4. 当时(　　　　)是男子的专用腰饰,其功能结构类似我国早期的带钩。

第六节　文艺复兴时期首饰

文艺复兴是在 14 世纪至 17 世纪中期欧洲新兴资产阶级在文学、艺术、哲学和科学等领域内开展的一场革命运动。中世纪晚期,首饰就逐渐失去了它浓厚的宗教和神奇的护身符意义。这时期的首饰无论是在类型上还是款式上与中世纪相比都有很大的改变。

文艺复兴的装饰艺术似乎也进入了身体、服装和饰品三者关系和谐的一段时期,多为黄金、珐琅、镶嵌制品,做工非常精湛。

一、项饰和耳饰再度流行

文艺复兴初期虽然官方禁止"露出脖子和肩膀",但在 15 世纪的后几十年,衣领线仍在逐步地降低,最终完全的低胸衣服处处可见。在古典时期非常流行而在中世纪几乎消失了的项饰和耳饰再度流行,相反一度无处不在的中世纪胸针则完全没有了用武之地(图 2-55)。

(a) 丢勒之作　　　　　(b) 拉斐尔之作　　　　　(c) 荷尔拜因之作

图 2-55　油画作品

原先藏在头巾、帽子和头饰下的头发,现在重见天日。女人们把头发梳起来并缠绕珍珠串,或者佩戴饰有贵重宝石的羽毛,美丽的脖颈由此展露出来,耳环(尤其是带有珍珠的耳环)重新受到欢迎(图 2-56)。

(a) 达芬奇·戴珍珠头饰的夫人像　　　(b) 皮耶罗·代尔波拉约洛之作

图 2-56　油画作品

二、受巴洛克艺术风格影响的首饰

在文艺复兴末期,绘画、雕塑、建筑等艺术领域由"样式主义风格"渐渐发展为"巴洛克艺术风格"。这种艺术风格突破古典艺术的常规,反文艺复兴时期的高度写实,而追求华丽、夸张、怪诞和壮丽的表面效果,以鲜明饱满的色彩和扭曲的曲线,通过光线变化和动感塑造一种精神气氛,从而把显示生活和激情幻想结合在一起，创造出一种精心动魄的戏剧性趣味。这种风格对当时的首饰也有一定的影响，常常运用各种异型彩色宝石与珐琅、金属等搭配，此外在这一时期的服饰中流行的蕾丝、蝴蝶结等元素也常常被用于首饰中（图2-57）。

图 2-57　巴洛克风格首饰

三、精湛的首饰技艺

17世纪时期，各种宝石镶嵌技术、珐琅技术不断更新，日趋精湛，同时在这一时期出现了很多艺术水平高超的微雕工匠。在金匠让·杜丹和他的儿子亨利的带领下，法国的黄金工艺发展出一项精妙的新技术，就是在黄金上以珐琅描绘微型人像，工匠通常还在绘有人像的金饰背面装饰用彩色玻璃描绘的微型场景和花卉（图2-58）。

图 2-58　彩绘珐琅首饰

四、宝石切磨技术的发展

17世纪宝石加工领域中发明了玫瑰形琢磨法，在这之前，人们认为黄金和珍珠最贵重，但当时欧洲首饰工匠采用宝石玫瑰形琢磨以后，红宝石、蓝宝石等各种透明宝石终于开始露出"庐山真面目"，成为光彩夺目的贵重宝石。

当时钻石不再是素面朝天用来衬托珐琅彩釉的鲜亮颜色，而是作为主石镶嵌在首饰的中央，同时宝石的爪形底座日渐轻盈简洁，这是首饰走向轻便小巧的关键一步。到17世纪末，钻石能够被琢磨出56个刻面，多角形琢磨法代替了16个刻面的玫瑰形的琢磨法，利用了钻石对光的反射和折射的特性，以达到最大的亮度和火彩。到18世纪钻石几乎排除了其他宝石而独占鳌头（图2-59、图2-60）。

以上介绍了外国各地域的典型古代首饰，这只是外国古代首饰的一部分。因

图 2-59　镶彩宝坠饰　　　　图 2-60　镶钻石、红宝石胸针

为时代的变迁、人为的破坏,古代首饰的灿烂文化我们不能全部了解,但至今看来,也演变为独特的首饰艺术风格,指引我们学习、研究与创作。

小测试

1. 文艺复兴时期,(　　　　)和(　　　　)再度流行,而中世纪无处不在的(　　)已完全没有用武之地。

2. 17世纪宝石加工领域中发明了(　　　　)琢磨法,(　　　)和(　　　)等成为光彩夺目的贵重宝石,到18世纪(　　　)几乎排除了其他宝石而独占鳌头。

3. 请简述受巴洛克风格影响的首饰的特征。

第三章 外国近现代首饰

史学家把1640年英国资产阶级革命作为世界近代史的开端，同时也是欧洲各国文艺复兴的晚期。本章是上一章节的延续，主要介绍18世纪到20世纪50年代的首饰。这一时期是首饰从传统手工艺开始向现代艺术设计过渡的时期，大约延续了两个世纪，多种首饰款式、材料不断的涌现，多种制作工艺的结合、时代风格的融入等使首饰向多元化、抽象化、个性化迈进。从此佩戴首饰不再是皇亲贵族的特权，财富的快速积累使得社会的上层阶级和中产阶级开始有能力拥有首饰。

第一节 18世纪至19世纪首饰

18世纪至19世纪的中国正开始慢慢走向衰落，而此时的西方国家正处于资产阶级的萌芽和发展阶段，其文化艺术风格也随社会结构的变化而变化，由17世纪流行的巴洛克艺术风格到繁琐华丽的洛可可风格，再到19世纪的维多利亚风格，同样在社会文化影响下的首饰也呈现出不同的艺术风貌。

一、首饰材料革新

17世纪中期已经有了制造人造宝石的行业，到了18世纪，人造宝石有了合法的交易市场，成了一种新的材料艺术形式。随之而来的是冶金术，各种材料的合金问世，其中在1800年至1820年间，由17%的锌和83%的铜合成的金属铜，被证明是合格黄金的代用品，很快被贵族们接纳，也就是在这时期的人们为后人创作了大量的"古董饰品"，现今被人们永久珍藏。

二、首饰款式变革

18世纪上半叶的首饰轻巧精致,当时的工匠为了在首饰上凸显闪亮的钻石或其他宝石,将设计重点都落在了宝石本身,而宝石镶嵌的底座所用材料尽可能小。其重量被减至最低限度,后来又采用底部透空的镶嵌底座,减轻首饰分量,这对饰品的构造和佩戴产生了很大的影响。

图3-1 可自由拆装首饰

首饰加工技术精湛而高明,当时出现了可自由拆装的珠宝饰品,常常由几个彼此分离的部件组成,而这些部件又可以分别单独佩戴(图3-1)。

图3-1是一套制作于1855年,带有橡树叶和橡果的枝状饰物,可变换佩戴。这件首饰包括三个彼此分离的部件,能以四种方式佩戴。纯金底座被小心翼翼地放在首饰盒内的丝绒垫子上,每个花枝组合在一起可以做成头饰。三部件可以组合成一件较大的菱形胸饰,若组合成环状,则成了一件头饰。

三、这一时期所流行的首饰

(一)Parures首饰流行

图3-2 Parures首饰

Parures首饰指一整套首饰,类似现在的套件首饰,它主要包括项链、梳子、头饰、王冠、发带、一对镯子、别针、耳环、垂饰耳环或钉扣耳环和一个皮带扣(图3-2)。

(二)浮雕首饰流行

18世纪至19世纪浮雕首饰甚为流行,尤其是在维多利亚时期,因为浮雕宝石融入珠宝设计是维多利亚女王的珍爱,唯美的造型经女王佩戴后就成为人们追随的风潮。人们尝试以化石、象牙、古瓷等不同材质体现的立体人物侧影浮雕,多作为项链的垂坠,或作为手镯、发饰的装饰,结合精致的金工工艺、珐琅及宝石镶嵌工艺制出高贵典雅的首饰饰品(图3-3)。

(三)头饰流行

18世纪70年代,西方人流行装饰头部,宝石和鲜花被穿成串扎在头上,而且

(a) 象牙浮雕吊坠　　(b) 1840年·蛇发美杜莎象牙浮雕黄金手链

图3-3　浮雕首饰

尽可能使珠宝在头上高高耸起。皇室贵族一般佩戴各式各样的皇冠。国际知名珠宝品牌绰美(CHUMET)，在18世纪末诞生，曾是拿破仑御用的珠宝品牌，早期主要是为法国皇室设计璀璨精致的珠宝首饰，其中皇冠就是它为皇室设计制作的精美华丽首饰之一。它的各项艺术精品皆完美地呼应了拿破仑式华丽高贵的时代风格(图3-4～图3-6)。

图3-4　法国·鲜花头饰

(a) Chaumet·黄金珍珠玛瑙浮雕皇冠　　(b) 1899年·Harcourtr皇冠

图3-5　皇冠　　　　　　　　　　　　图3-6　约瑟芬皇后肖像

(四)盘镶首饰流行

盘镶首饰在当时也叫作"宝石蕾丝"首饰。在维多利亚时期之前,贵族最常用蕾丝花边装扮服饰,展现女性的妩媚。1878年巴黎珠宝展推出了满镶钻衬托宝石的镶嵌手法,使得珠宝变得前所未有的精致玲珑,皇室名媛竞相佩戴。开始是五颜六色的有色宝石推行,而后黑白色系的贵金属材质被大量运用,但钻石与宝石织就的"蕾丝"虽美艳四射确也昂贵无比(图3-7)。

图3-7 盘镶首饰

(五)哀悼首饰流行

哀悼首饰也称"黑色首饰"。19世纪,很多英国士兵远驻印度等殖民地,背井离乡,留在英国本土的亲属为战士佩戴"哀悼首饰"以寄托思念,而后演变发展的各类黑色材质与钻石或贵重宝石结合的设计一直是流行的主旋律。初期的哀悼首饰并不拘泥于任何形式的首饰,随着哀悼的仪式增加,哀悼首饰被开发成为当时的时尚饰品项目。在阿尔伯特王子死后,维多利亚女王就经常佩戴黑玉首饰。产自英格兰北部的黑玉被设定为哀悼饰品的对象,并且几乎所有黑色类型的材料全被用上了,甚至包含一个死者所爱的人的头发,头发被打褶、扭转直到成了坚硬的螺纹状或编成辫子,嵌在小盒式的吊坠里(图3-8)。

(a) 黑玉胸饰　　(b) 小盒式坠饰　　(c) 黑玉手镯

图3-8 哀悼首饰

(六)钻石首饰流行

19世纪80年代,由于英国在南非的钻石开采成功,大量运用钻石的珠宝作品愈加丰盛,再加上钻石切工越发精湛,单色的钻石组成的宝石却并不会令人感觉乏味,光芒耀眼的钻石珠宝一跃成为流行主力(图3-9)。

(七)彩色宝石首饰的流行

维多利亚时期盛世繁荣,宝石种类的开发和运用极为广泛,各种贵重宝石大量出现,结合维多利亚珠宝独特的工艺和优雅的造型,造就了一批丰富多彩的珠宝作品,在当时掀起一股全新的时尚风,并且影响至今(图3-10)。

图3-9 1870年·钻石手镯

图3-10 黄金镶蛋白石戒指

(八)花卉造型首饰的流行

19世纪80年代后期,也可以说是维多利亚中期以后,花卉图案开始流行,当时动植物的品类研究相当热门,因而也引起了珠宝领域的共鸣。到所谓的维多利亚"艺术期",在艺术家罗斯金"重视自然形式"的提议下,人们甚至把真正的花朵像珠宝一样戴在身上(图3-11)。

(a) 坠饰

(b) 胸饰

(c) 胸饰

图3-11 花卉造型首饰

四、这一时期在两种艺术风格影响下的首饰特征

(一)受洛可可艺术风格影响的首饰特征

洛可可艺术产于18世纪法国,由于这种华丽而繁琐的享乐主义形式受到了当时法国国王路易十五的大力推崇,因此人们又将这种艺术形式称之为"路易十五艺术风格",由此产生了带有繁琐华丽的洛可可艺术风格的首饰。此种风格的首饰采用不对称图案与鲜艳的颜色,广泛采用了彩色宝石和珐琅彩釉,尽显首饰的富贵华丽(图3-12、图3-13)。

图3-12是18世纪欧洲大陆制造的一件羽毛形钻石发饰,它也可能被用作帽

饰。带有珍珠的那件是现存不多的不对称的洛可可风格珠宝。

图 3-13 是 18 世纪欧洲大陆制造镶有珍珠、钻石的胸饰,线条婉转,形体自然,带有明显地洛可可风格。

图 3-12　羽毛形钻石发饰

图 3-13　珍珠胸饰

(二)维多利亚艺术风格

维多利亚艺术风格是 19 世纪英国维多利亚女王在位期间形成的艺术复辟的风格,它重新诠释了古典意义,综合各种艺术风格中的造型元素,表现一股华丽而又含蓄的柔美风格,这种风格影响到欧洲的各个艺术领域,首饰也不例外。维多利亚时期的珠宝造型奢华,充满设计感,镶嵌的钻石和彩色宝石让首饰变得精美玲珑。此时的珠宝匠师采用了花卉、枝

图 3-14　黄金镶宝手镯

叶、稻麦、蝴蝶、蔓藤等设计主题,显现关注自然的美学形态,运用薄薄的黄金镶嵌各种宝石。这个时期刚刚广泛应用的海蓝宝石确实让人印象深刻,复古设计的轻盈花式金丝覆盖在大颗的橄榄石上,凸显高贵、典雅。此种风格的首饰兼有古典风格的典雅、巴洛克风格的壮丽及洛可可式的华丽,给人们展示了一种典雅、高贵而恬静的美。现今人们对此种风格的首饰依旧喜爱(图 3-14～图 3-16)。

欧洲 18 世纪至 19 世纪是首饰的发展时期,首饰由开始的作坊慢慢发展为独立的珠宝品牌,形成正规系统的珠宝首饰行业领域。现今国际上许多知名珠宝品牌都在这一时期先后出现,如法国的 Cartier(卡地亚)、意大利的 Bvlgari(宝格丽)以及美国的 Tiffany(蒂芙尼)等。如今他们已成为珠宝行业的龙头,并引领着世纪珠宝行业的流行及发展。

图 3-15　雄鹿牙齿首饰　　　图 3-16　象牙浮雕烤漆首饰盒

小测试

1. 到（　　　）时期，人造宝石有了合法的交易市场，成了一种新的材料艺术形式。
2. 国际知名品牌绰美（CHUMET）在（　　　）时期（　　　）国诞生。
3. 18世纪末—19世纪前期的首饰深受（　　　）和（　　　）两种风格的影响。
4. 洛可可艺术风格又称（　　　）风格。
5. 请简述18世纪至19世纪所流行的首饰。
6. 请简述维多利亚艺术风格的首饰特征。
7. 请列举现诞生于18世纪至19世纪的国际知名珠宝品牌。

第二节　新艺术运动时期首饰

准确地说新艺术是一场运动，而不是单一的某种风格，是一次大约从1890年至1910年，影响整个欧洲乃至美国等许多国家的相当大的艺术运动。从建筑、家具、首饰、服装等到雕塑和绘画艺术都受到了它的影响，延续长达十余年。它是设计史上一次非常重要、具有相当影响力的形式主义运动。

一、新艺术运动的艺术特征

新艺术运动（Art Nouveau）受19世纪80年代初的威廉·莫里斯等艺术家发起的"英国工艺美术运动"的影响，推崇精工制作的手工艺，从自然形态中吸取灵感，以蜿蜒的纤柔曲线作为设计创作的主要语言。藤蔓、花卉、蜻蜓、圣甲虫、女性、神话等成为艺术家常用的主题，表现出一种清新的、自然的、有机的、感性的艺术风格。

二、新艺术运动时期的首饰特征

受新艺术运动的影响,在珠宝设计中,贵重宝石的使用比较少,钻石往往只是起到了辅助性的作用,而玻璃、牛角、象牙等因易实现预期的色彩和纹理效果,被广泛使用,这也是新艺术时期首饰制作的重要的特征之一。艺术家对自然生动而别具情趣的刻画,再加上工匠精湛的工艺技术,使首饰作品的装饰效果不仅在视觉上呈现出华丽的审美效果,并且还传递着内在的婉约气息。此外,新艺术时期的首饰中,珐琅彩绘技术在首饰制作上被发挥得淋漓尽致,装饰感极强(图3-17)。

(a) 蝴蝶胸饰　　　　　　(b) 天鹅坠饰

图 3-17　新艺术时期首饰

三、新艺术运动时期的首饰代表作

新艺术时期首饰最有代表性的要数勒内·拉利克(Rene Lalique)创作的首饰作品。他是法国杰出的新艺术时期的天才设计师,不仅设计珠宝首饰,后来还设计玻璃制品,如香水瓶、花瓶等。他在设计中应用大量写实的昆虫、花草、神话人物等形象,线条婉转流畅,色彩华丽而不俗,这也是新艺术时期艺术风格的代表。此外,当时的艺术家还有乔治·弗奎特(Georges Fouquet)、查尔斯·迪罗西尔(Charles Desrosiers)、菲利普·沃尔夫斯(Philippe Wolfers)等(图3-18~图3-20)。

图 3-18　蜻蜓女人胸针

第三章　外国近现代首饰

(a) 花形链饰　　　　(b) 胸针　　　　　　　(c) 胸针

图 3-19　勒内·拉利克作品

图 3-18 是一枚蜻蜓女人胸针。它是拉利克最为著名的作品之一。他对蜻蜓翅膀精心雕琢的处理看上去极富一种透明的质感，充满了灵逸和生动。用象牙雕刻的女性人体也非常柔和精致，与蜻蜓的造型非常自然地结合在一起，这种出人意料的组合不仅让人产生神秘的遐想，同时带来一种别致的情趣。

新艺术时期的首饰最富有装饰性，同时也展示出富有个性的实用艺术品，但最终还是因为手工形式太强而导致价格昂贵，非普通大众能消费得起。但这场运动却为后来现代主义首饰的发展立下不可磨灭的功勋。

图 3-20　查尔斯·迪罗西尔作品胸饰

小测试

1. "新艺术运动"是 19 世纪 80 年代初在（　　）作用下，影响整个欧洲乃至美国等许多国家的一次相当大的艺术运动。

2. 新艺术时期最有代表性的首饰设计师是（　　　　），他在设计中应用大量写实的（　　　）、（　　　）、（　　　　）等形象，线条婉转流畅，色彩华丽而不俗，其中（　　　）是他最为著名的作品之一。

3. 新艺术时期的首饰中，（　　　　）技术在首饰制作上被发挥得淋漓尽致。

4. 请简述新艺术风格的概念。

5. 请简述新艺术时期首饰的特征。

第三节　装饰艺术运动时期首饰

新艺术运动发展到20世纪20—30年代，追求表面效果的装饰意图已经变得过分矫揉造作，被人称作"浮夸的浪漫和造作的情感"，于是装饰艺术风格应运而生。与此同时，战后新一代的劳动妇女群体出现，她们喜欢物美价廉的首饰，成为追逐时尚的主力军。

此外这一时期工业化生产迅速，使首饰业的发展达到了前所未有的辉煌。欧美著名的首饰品牌，如卡地亚、宝格丽、蒂凡尼、绰美、萧邦等都大规模推广他们的首饰产品，其出品的首饰与装饰艺术风格紧密结合，追求几何造型和简洁的观念，珠宝制作技术和设计也达到了前所未有的高度。

装饰艺术风格首饰基本上完成了珠宝从注重平面表现转变为以关注空间造型为主的过程，是现代首饰的开端。

一、装饰艺术时期的首饰特征

装饰艺术风格是20世纪20—30年代在法国和德国等国家流行的装饰设计思潮，为现代概念的装饰艺术奠定了基础，对现代强调空间构成的珠宝设计产生了根深蒂固的影响。

这个时期的首饰风格以简单的几何图形和对比强烈的色彩为特点，但是追求创新的艺术型珠宝艺人受到了西班牙、法国的立体派画家的影响，开始把注意力转向了方形、长方形和圆形的几何图案，并制作了以此为基本结构的首饰。这种造型充分利用了金属加工的特有技术，即以见棱见角的特点来表现严谨和抽象的思维，这就是后来被命名的"现代主义"艺术表现。

装饰艺术时期首饰着重的不再是对现实和自然的模仿，而是以图案构成和色彩配合为主要特色。设计师用正方形、长方形及圆形作为基本设计元素，设计简洁，发明了全新的钻石切割造型和镶嵌方式，并且强调高档宝石与中低档宝石色彩搭配的对比效果，将紫水晶、红珊瑚、海蓝宝石、青金石、翡翠、托帕石、玳瑁、玛瑙、祖母绿等混合使用（图3-21）。

装饰艺术时期，直线图案在当时代表着摩登与时尚，通过鲜亮的色彩来传达珠宝首饰的体积和空间感。与新艺术风格相比，装饰艺术风格的一大进步就是已经运用了几何形元素来构建珠宝并充分展现了包豪斯的工业设计理念。如果说新艺术时期的首饰是变相的绘画艺术的话，那么装饰艺术时期的首饰则是立体构成艺术的开端。新艺术运动向装饰艺术运动发展的过程就是首饰由平面向立体空间转化的过程(图 3-22)。

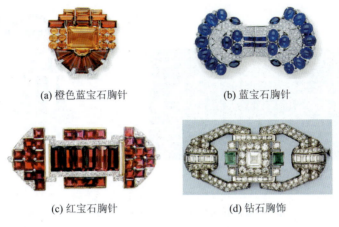

(a) 橙色蓝宝石胸针　　　　(b) 蓝宝石胸针

(c) 红宝石胸针　　　　(d) 钻石胸饰

图 3-21　装饰艺术时期首饰

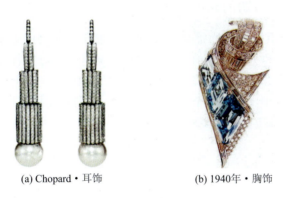

(a) Chopard·耳饰　　　　(b) 1940年·胸饰

图 3-22　装饰艺术时期首饰

二、装饰艺术时期的首饰代表

这一时期著名的专业珠宝设计师主要有法国人保罗·布朗茨、让·富凯(其父亲是著名的新艺术风格的创始人乔治·富凯)等,他们的创作在构图上基本是抽象的,表现在珠宝整体的效果和色彩的巧妙搭配中。在材料运用方面,这些大师常用铬、钢、铝代替传统的贵金属,以出色的金属加工取代宝石的美丽色彩。同时立体派对首饰设计的影响与毕加索等现代绘画大师的参与是分不开的。他们都亲自动手,设计制造了不少的珠宝首饰,并积极倡导使用简洁的线条和几何造型。此外,一些知名国际珠宝品牌的首饰也受装饰艺术的影响,给予设计师们有力而无限的创作启示(图 3-23、图 3-24)。

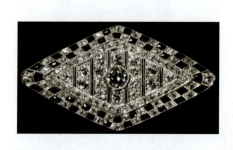

图 3-23　卡地亚几何形胸饰　　　　图 3-24　卡地亚胸针

三、装饰艺术时期的新型首饰材料

20 世纪 30 年代塑料首饰很受青睐,人们折服于它丰富的色彩,其造型特征恰好符合装饰艺术风格几何构造的要求。塑料首饰是这一时期首饰的一大特色,制造工艺多采用符合几何构造的浇铸成型法。此外,铂金在 20 世纪 30 年代末开始流行,明亮型、切割型宝石在这个时期最为常见,它们相互搭配使首饰产生出强烈的色彩对比,也使珠宝更充满梦幻般的变化。

小测试

1. 装饰艺术风格首饰基本上完成了珠宝从注重平面的表现转变为以关注(　　　　)为主的过程。
2. 装饰艺术时期,(　　　　)在当时代表着摩登与时尚。
3. 装饰艺术时期的首饰深受(　　　　)艺术观念的影响。
4. 这一时期的著名专业珠宝设计师主要有(　　　　)和(　　　　)等,他们的创作在构图上基本是抽象的,表现在整体的效果和色彩的巧妙搭配中。
5. 这一时期新材料(　　　　)的造型特征恰好符合装饰艺术风格结合构造的要求。
6. 这一时期贵金属(　　　　)开始流行,(　　　　)宝石在这个时期最为常见。
7. 请简述装饰艺术时期首饰与新艺术时期首饰的不同。

第四章 中外当代首饰

虽然两次战争给人类带来了伤痛，但是工业的崛起和女权意识的觉醒让女性也可以穿上干练的西服。为了搭配这些优雅自信的智慧女性，设计师们暂时将奢华繁复的欧式宫廷风格项链放在了一边，一些充满现代感几何造型的精致钻石项链开始出现在人们的眼前。而崛起于大洋彼岸的自由国度也开始影响着整个世界，好莱坞和电影产业的出现毫无疑问地架起了沟通世界的桥梁，电影中女主角佩戴的项链和着装引领着时尚的潮流，品牌和高级订制的盛行更是让项链的设计个性化起来。

20世纪60年代以后，世界经济开始复苏，现代科技及经济的发展丰富了人们的生活，活跃了人们的思想。无论是在国内还是国外，艺术创作开始活跃，人们改变了传统的观念，不再追求单一的流行艺术，而是追求自我表现。

第一节 当代首饰特征

当代首饰艺术正在向一个多元化的防线发展，首饰已经不再是传统观念上仅用于装饰人体的饰品，它承载了更多的社会含义，首饰艺术的观念性和实验性的特征更为突出。随着社会的进步、女权意识的觉醒，每个人对首饰的追求不尽相同，不同款式、不同材质及不同佩戴功能的首饰应有尽有，主要体现在以下三个方面。

一、新材料的运用

当今处于以人为中心的社会里，首饰的重点不是展示某种物体本身，而是作为一个附属物与人相融合，参与人的各种社会活动和交流，展示人的个性特点。在这种思想指导下，首饰的取材突破了传统首饰材料的要求（贵族、精美），取而代之的是大量新材料的使用。比如,20世纪70年代典型的新材料亚克力纤维的使用,标志着当代首饰发展的一个新起点,此后不透明塑胶、复合玻璃、树脂、玻璃、硬纸、铁、丝绸等都运用到了首饰制作中,让当代首饰显得粗犷、乖张、冷酷。当今仍有许多当代首饰设计师不断地尝试运用新材料、新工艺制作首饰以表达自己的设计理念(图4-1)。

(a) Adam Paxon·戒指　　(b) Nel Linssen·项链　　(c) Liv Blavarp·项链

图4-1　新材料在首饰中运用

二、丰富生动的设计主题

"艺术和文化已经离开了象牙塔,成为我们社会生活的一个组成部分"成为20世纪80年代艺术创作的座右铭。首饰的主题如同创作者年轻奔放的思绪,野马般地冲破了传统的束缚,表现得更加丰富和生动,从具体到抽象,从古代到现代甚至未来,无不涉及。当代首饰设计主题选择目的在于更直接地表述人们的思想。人们所关心的全部社会内容都可以成为首饰创作的主题,使得首饰摆脱了单调的"豪华"和"财富"的印记,更符合艺术的语言,贴近现代人的平常生活。例如:以环保为主题的首饰呼吁大家保护环境;以叙事为主题的首饰传达设计师的内心情感或表达内心呼吁与观念;还有一些以纪念为主题的首饰,是设计师为了纪念一件事或一个人等所创造的首饰(图4-2)。

(a) Chris Giffin·皮尺项链　　(b) Robert Ebendorf·项链　　(c) Robert Ebendorf·胸针

图4-2　主题首饰

三、首饰形式的突破

首饰佩戴中,装饰人体的部位不再局限于传统的手指、手腕、颈脖、耳朵及胸部,而是随心所欲地发展到人体的很多部位,如:脐上短装流行时出现了专为装饰肚脐设计的钉饰;当文眉、文唇的时尚流行时,街上悄然出现了点缀眉毛和嘴唇的眉戒和唇戒,甚至是颌戒和鼻戒;耳饰的位置也由耳垂向耳郭发展,数量增多。除此之外,当代首饰还与服饰、鞋饰组合共同演绎当代流行的时尚。

首饰的外形和尺度不再拘泥于传统的格式,在戒指中出现了双指戒、腕指连戒等,设计家们还经常应用相关艺术的形式和尺度来表达首饰创作。此外,首饰的表面处理更加个性化,首饰的表面不再追求一致的、有序的抛光或磨砂工艺带来的表面效果,而是根据主题需要、材料特点采用不同的表面处理的方法。创造性地应用各种不同的表面处理方法,以更好地表达作品的创意,这是当代首饰形式的一个重要的特征(图4-3)。

(a) Dandi Maestre·头饰和臂饰　　(b) Maria Cristina Bellucci·双指戒指　　(c) Marina Sheetilkoff·双指戒指

图4-3　新的首饰形式

第二节　当代首饰三大主流类型

面对现今社会的多元化,当代首饰主要有三大主流类型:一是个性艺术化概念首饰,主要是设计师运用新型材料,传达自身的某种情感或表达社会中的某种观念等,其作品形式多趋于夸张、另类的造型,多用于展览、收藏或少数人的追捧佩戴;二是定制首饰,即一些国际知名品牌或个人工作室的首饰定制,它是运用独特、稀有的贵金属及宝石,通过设计师的精密设计,呈现出个性、高贵、典雅、装饰感极强的首饰,多用于收藏、上流社会出席各种典礼的佩戴或为了某种纪念等;三是大众市场商业首饰,主要是结合当代社会的市场需求,运用常规首饰材料设计出面向大众日常佩戴的首饰。

一、个性艺术化首饰

个性艺术化首饰主要指当代一些专门从事首饰行业或其他设计行业的设计师,为了设计的需要,通过在新型材料的研发、首饰款式的创新、佩戴方式及首饰功能的突破中来表达内心的某种情感或观念,使作品在视觉上给人耳目一新的感觉,并能够产生一定的共鸣。在创作中设计师们更多地把自己定位为启发思维的艺术家,刻意与传统首饰、大众时尚保持距离,用一种反主流的姿态表达个性。

(a) 胸针·时光慧眼　　(b) 胸针·红唇

图 4-4　达利之作

西班牙超现实主义画家和版画家达利是一位具有非凡才能和想象力的艺术家,他不仅创作了大量的绘画作品,同时也给我们留下了大量的雕塑、珠宝和家具设计。在 20 世纪 40—50 年代,达利开始使用水晶、合金镀金等形式创作珠宝。他的首饰作品有极强的视觉冲击,另类的设计传达他内心深处的感情(图 4-4、图 4-5)。

(a) 出血的世界　　(b) 麦当娜的海蓝宝石　　(c) 红宝石心形胸针　　(d) 心形胸针

图 4-5　达利之作

德国首饰设计师格尔德·罗斯曼(Derd Rothmann)从 20 世纪 70 年代后期开始把人体铸件的方法引入首饰设计的领域,在首饰作品中体现其对于身体与情感的关注。他一直在试验探索珠宝与身体的联系,试图将一切伪饰和多余的装饰从首饰设计中除掉,旨在展示身体各部分的原貌效果。他的身体压痕和印记首饰使他闻名于世。在这些作品中,他将身体的表面器官直接转化成首饰造型,如鼻子、脚跟、手指、耳朵、锁骨等设计成手镯、戒指、耳饰、胸针和其他形式的装饰,显示出超现实的效果(图 4-6)。

哥伦比亚女设计师丹迪·梅斯特里(Dandi Maestre)收集很多废弃的树枝、石

第四章 中外当代首饰 · 79 ·

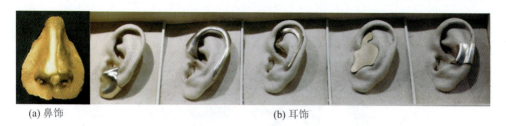

(a) 鼻饰　　　　　　　　　　(b) 耳饰

图 4-6　Gerd Rothmann 之作

头、脱落的兽角、贝壳、断裂的兽骨等,对材料进行部分的打磨抛光,使表面保留了兽骨的自然表面肌理,凸显自然的生态美(图 4-7)。

(a) 项锦链　　　(b) 项圈链　　　　　　　(c) 戒指

图 4-7　Dandi Maestre 之作

杰奎琳·米娜(Jacqueline Mina)曾在英国皇家马德里艺术学院学习珠宝设计,并于 2000 年冬获得"杰伍德"珠宝奖。米娜是当代英国最重要的黄金尚,专门研究金属合金工艺,独具一格的艺术家眼光使得她非常热衷于现代首饰设计(图 4-8)。

(a) 手镯　　　　(b) 耳钉　　　　　(c) 项圈　　　　　(d) 手镯

图 4-8　Jacqueline Mina 之作

设计师佩特拉·齐默尔曼(Petra Zimmermann)的首饰通常是将古旧的首饰配件与色泽亮丽的合成塑料、少量金属结合在一起,形成相互依托的关系。她从不破坏原有旧物的形态与特质,而是将其与新材料重新结合,以赋予作品新的精神。齐默尔曼的作品颇具时尚风范,很容易吸引观者的视线,直接而明晰地传达出年轻一族对鲜活、透明、靓丽、率真的生活状态的追求(图4-9)。

(a) 手镯　　　　(b) 胸针　　　　(c) 手镯　　　　(d) 吊坠

图4-9　Petra Zimmermann之作

挪威设计师丽芙·普拉柏(Liv Blavarp)善于利用天然的木材,其加工技术要求低、采料较容易,经过专业的处理后,能产生丰富的肌理和独特的质感效果。她的首饰设计并没有完全跟随美国及西欧的设计,而是保留了很多原生态及民族性的文化特色(图4-10)。

(a) 木质项饰　　(b) 木质项饰　　(c) 木质项饰　　(d) 木质项饰

图4-10　Liv Blavarp之作

荷兰女设计师玛丽亚·赫斯(Maria Hees)专门从事金属和塑料设计,通过塑料的特性,加上自己的装饰手法来展现首饰的空间立体感(图4-11)。

(a) 手镯　　　　(b) 项圈　　　　(c) 项圈　　　　(d) 项圈

图4-11　Maria Hees之作

此外设计师爱丽丝·博德梅(Iris Bodemer)、卡尔·弗里希(Karl Fritsch)运用银及各种氧化金属与纤维、毛料、宝石等多种材料搭配；设计师玛丽娜·西迪科夫（Marina Sheetikoff）将金属铌与黄金、银、不锈钢结合进行首饰创作；设计师玛丽亚·克里斯蒂娜·贝卢奇（Maria Cristina Bellucci）将彩铅元素融合到自己的设计创作中；设计师玛尔塔·马特森（Marta Mattsson）运用古埃及甲壳虫元素结合壁纸、兽皮、树脂、漆等材质进行创作；设计师乔安妮·海伍德（Joanne Haywood）、德尼丝·雷伊坦（Denise Reytan）运用彩线、塑料与其他材料结合；中国设计师高源运用废弃的金属铜与其他金属、宝石搭配创作出个性鲜明的当代首饰；等等（图4-12～图4-17）。

(a) 项链　　　　(b) 项链　　　　(a) 戒指　　　(b) 戒指　　　(c) 戒指

图4-12　Iris Bodemer 之作　　　　图4-13　Karl Fritsch 之作

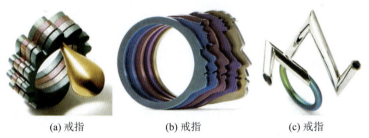

(a) 戒指　　　　　(b) 戒指　　　　　(c) 戒指

图4-14　Marina Sheetikoff 之作

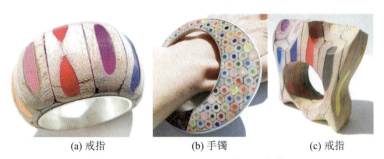

(a) 戒指　　　　　(b) 手镯　　　　　(c) 戒指

图4-15　Maria Cristina Bellucci 之作

(a) 项链　　　　　　　(b) 项链　　　　　　　(c) 项链

图 4-16　Karl Fritsch 之作

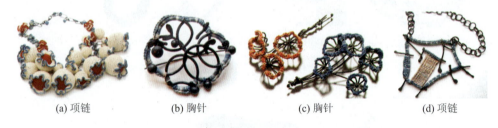

(a) 项链　　　(b) 胸针　　　(c) 胸针　　　(d) 项链

图 4-17　Joanne Haywood 之作

二、定制首饰

定制首饰主要是指单件珠宝的定制,设计师根据客户多方面的个性需求与独特的气质来进行首饰创作设计,其中也包括高级珠宝定制,代表了人类对美、个性的极致追求。不管在早期的西方还是古代的中国,不管是面向百姓的首饰作坊还是面向皇室贵族的御用首饰商,设计师大多都是以首饰定制的形式来满足顾客的需求。随着工业的发展,首饰作坊已渐渐地转为"设计—制作—营销"为一体的生产化珠宝企业面向大众,而定制首饰逐渐为少数人服务,如皇室、明星、名媛等。近几年来,由于珠宝产业的发展、人们多样化的需求,首饰的定制又再一次流行,尤其是当今设计师队伍的不断壮大,越来越多的设计师开设个人首饰工作室面向大众。例如国内设计师 Cindy Chao、Anna Hu、翁狄森、刘斐、林莎莎、万宝宝、Lan 珠宝等都成立了自己的珠宝品牌(见后文的阅读资料),国际知名珠宝品牌也同样承担首饰的高级定制(图 4-18～图 4-21)。

第四章　中外当代首饰

(a) 微醺胸针　(b) 四季花系列红宝石手环　(c) 皇家蝴蝶胸针　(d) 夏至手环

图 4-18　Cindy Chao 之作

(a) 玉荷花系列　(b) 杜兰朵系列耳坠　(c) 蓝宝石戒指　(d) 中国红莲花项链

图 4-19　Anna Hu 之作

(a) 蝴蝶胸针　(b) 项链　(c) 胸针

图 4-20　陈世英之作

(a) 翁狄森·窗花　(b) Lan珠宝·涟漪　(c) 万宝宝·宝瓶系列　(d) 刘斐·戒指　(e) 林莎莎·手镯

图 4-21　国内设计师代表作

三、大众市场商业首饰

自首饰从传统的作坊转变为统一的企业之后,伴随着国民经济的提高,尤其是我国又是人口大国,人们对首饰的需求也越来越多,因而大众商业首饰在当今市场中占有很大的比例。大众商业首饰与市场联系紧密,多批量化生产,通过对市场的调查,做好产品的规划方案,制定材料、成本、工艺及目标消费群、市场区域等来进行首饰设计及研发。大众市场商业首饰款式单一,多运用大众所接受的金属和宝石材料制作首饰。由于批量化生产,大众市场中抄款、仿款的现象很多,整个首饰市场类同现象非常严重。

周大福　　　周生生

图4-22　商业首饰

目前国内一些珠宝企业已经意识到这一现象,开始呼吁原创设计,树立自己的品牌形象,这种改变将会使大众市场商业首饰迈向另一个新的台阶(图4-22、图4-23)。

(a) TTF爱巢系列　　　(b) TTF梅兰竹菊系列

图4-23　商业首饰

第三节　当代首饰所表现的几种艺术风格

当代首饰具有多元化的特征,设计师在进行首饰创作时结合古今中外各种设计风格并以自己的方式表达,由此当代首饰出现了多种风格并存的现象。

一、极简主义风格首饰

极简主义出现并流行于20世纪50—60年代。极简主义可以是一种流派,也可以指一种生活方式或设计风格,在设计语言上追求"极力简约",主张把设计元素减至最少,去除多余的、繁复的表面装饰,批判结构上的形式主义,其目的在于以"最少"的手段获得"最大的张力",在"有限"中体会"无限"。但是这些"少"并不意味着盲目的、单纯的简化,它往往是丰富的集中统一,是复杂性的升华。

极简主义风格的珠宝首饰近年来一直方兴未艾,是一股强势的后现代主义设计思潮。极简主义来源于抽象表现,抽象的极简正是现代珠宝首饰设计的一个新面貌。极简首饰在材质运用、色彩组合、形态构成中遵循极简主义原则,在各方面都表现到极致。

极简主义风格的首饰,它们的组成元素、成分或量块都不超过五个,一些特殊的题材例外。极简的概念还包括材料价值上的"极简",现代珠宝材料可以是俯拾可得的物质,而非一定是传统的金、银等贵金属,这与极简主义本身追求精神作用的诉求相对应。例如,当代首饰设计师 Vanessa Gade 的作品就由一个简单的金属圆环或几何环加上几条简单的金属链组成;设计师 Andrea Simic 的作品,简单得仅由条状的金属组成,如果有宝石做装饰的

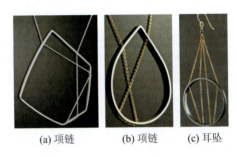

(a) 项链　　(b) 项链　　(c) 耳坠

图4-24　Vanessa Gade 之作

话直接用最简单的爪镶镶嵌,造型非常简洁(图4-24~图4-26)。

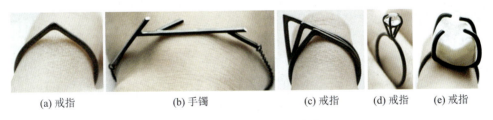

(a) 戒指　　(b) 手镯　　(c) 戒指　　(d) 戒指　　(e) 戒指

图4-25　Andrea Simic 之作

二、装置艺术首饰

装置艺术是一种最自由、最彰显随意性、天马行空的艺术表现形式。它的张力正好能够与珠宝在制作和设计的严谨上形成鲜明的对比。

装置艺术是一种始于20世纪60年代的西方当代艺术类型,作为一种艺术门类,它与20世纪60—70年代的"波普艺术、"观念艺术"等有着千丝万缕的联系。在短短的几十年中,装置艺术已经成为当代艺术中的主流。装置艺术,是指艺术家在特定的时空环境里,将人类日常生活中的已消费或未消费过的物质文化实体,进行艺术型的有效选择、利用、改造和组合,以令其演绎出新的展示个体或群体丰富的精神文化意蕴的艺术形态。简单地讲,装置艺术,就是"场地＋材料＋情感"的综合艺术(图4-27)。

(a) 项链　　　　　　(b) 项链

图4-26　Batho Gündra 之作

近年来,装置艺术在一定范围内对现代首饰设计产生了相当大的影响,西方的一些珠宝设计师运用集合艺术的理念,尝试适当地加工和组装一些俯拾可得的现成品,创造出一个全新的首饰面貌。这里的艺术奥秘在于首饰设计师关注的已不是黄金、宝石或其他材质的本身价值,而是它们与普通材质的组合关系。装置艺术将各种物体在新的空间里集合成了统一、完整的形象,贵重材料在其中也许只起到了一种装饰的作用。

图4-27　Anahi De Canio·胸针

例如:美国设计师罗伯特·厄本朵芙(Robert Ebendorf)所设计的首饰经常采用的材料在大多数人看来是些垃圾、废物,如打破的汤匙、生锈的电线、报纸等;设计师卡尔·弗里希(Karl Fritsch)善于运用废弃的铁钉等,将其与金属重新组合;还有设计师Michael Dale bernard 的作品等,构造另一种美感(图4-28～图4-30)。

带有装置艺术情趣的珠宝设计有些是很具象、很卡通的,并且十分贴近人的生活,是趣味首饰的一个组成部分。它常常能打破艺术与游戏的界限,使珠宝首饰设计回归到人们日常生活中所喜闻乐见的事物上来。

三、Wabi Sabi 风格

Wabi Sabi 的意蕴要先从理解日本传统文化、美学、世界观、思想哲学开始。首先是"都美",也就是受中国唐代影响的宫廷之美,标榜灿烂绚丽与金碧辉煌;其次是日本传统的"清美",这是一种受大自然启发的清新之美,特色是清爽、自然;还

第四章　中外当代首饰

(a) 吊坠　　　　(b) 胸针　　　　(c) 胸针

图 4-28　Robort Ebendorf 之作

(a) 戒指　　　(b) 戒指　　　(c) 戒指　　　(d) 戒指

图 4-29　Karl Fritsch 之作

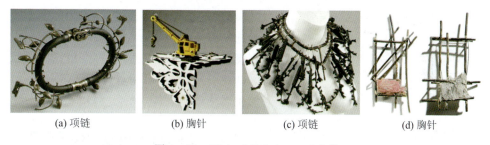

(a) 项链　　　(b) 胸针　　　(c) 项链　　　(d) 胸针

图 4-30　Michael Dale bernard 之作

有一种传统的"简约美",强调简单利落的造型。因此 Wabi Sabi 的"佗寂美",是日本人在外来的"都美"与本土的"清美"、"简约美"等多种文化激荡冲突下的产物。

　　Wabi(汉字为"佗")意指有残缺、不完美、有瑕疵、唯一的和偶然的,还包括了闲寂、寂静和朴素的意思。Sabi(寂)则是说时空作用于自然万物留下的痕迹,也可以是经由我们的眼睛和心境,从残缺和偶然中看到的别样的美,或"朴素中雅致的精炼欣赏"。简单地说,就是表现一种空虚寂寞的枯淡美,及其衍生出来的表现自然、反映自然、朴素不矫饰的美感。

这一对源于日本古典美学的词汇所阐述的哲学观念虽然与西方美学有本质的区别,但在表象上或观察事物的角度方面与极简主义和集合艺术有一些相似之处。Wabi Sabi 标榜的理念,近年来对现代设计领域有很大的影响,同时也为一些国际知名的珠宝设计师所推崇。

对于设计的启发在于 Wabi 追求用天然质朴的素材来表现出另类的风情和意境,而 Sabi 则鼓励我们在生活中善于对身边不完美的环境和破碎残缺之物,以我们充满禅意与冥想的古典情境,用眼睛和感悟来领略它的另一种形态的美(图 4 - 31)。

图 4 - 31 合金锻造手镯

运用 Wabi Sabi 的意蕴,设计师在搜集素材的时候用这样的意境来观察身边的饰物,即使一片枯树叶、一颗鹅卵石或一块斑驳的墙皮、树皮,它们在形态上都是独一无二的,都是有个性的,其中都蕴含着一种平实的美,同时能够创造出平和、质朴、稚雅、自然的珠宝首饰的新形象(图 4 - 32)。

图 4 - 32 枫叶黄金手镯

设计师 Georgia Morgan 结合金属的特性通过对金属做简单的处理来表现自然的生态之美,传达"简约而静寂"和"轻永恒、重瞬间"的艺术情怀。哥伦比亚女设计师丹迪·梅斯特里(Dandy Maestre)收集了很多废弃的树枝、石头、脱落的兽角、贝壳、断裂的兽骨等,直接运用首饰装饰,体现自然的生态美(图 4 - 33、图 4 - 34)。

(a) 胸针　　(b) 胸针　　(c) 胸针　　(d) 耳坠　　(e) 手镯　　(f) 胸针

图 4 - 33　Georgin Morgan 之作

四、新古典主义风格

这里所说的新古典主义的概念已经不是指18世纪的法国绘画或19世纪的欧洲建筑风格，而是其延伸出的一般意义，定义为在传统美学的规范下，运用现代的材质及工艺去演绎传统文化中的精髓。

新古典主义首饰风格也就是根据古为今用的思想，将古今元素结合，令它不仅拥有典雅、端庄的古典气质，还含有时代特征的面孔。

图4-34　Dandi Maestre·手镯

新古典主义在艺术形式创作中主要追求古典的神似，而不是笼统地仿古，更不是复古。因此，新古典主义风格的首饰既带有古典、传统元素，又不失现代风格，或是运用现代主义元素表现古典主义风格，两者相互结合，与现在经常说到的"只有民族的才是世界的"有异曲同工之妙。

例如传统、古典元素在我们眼中可以是植物纹样、人物形象，也可以是明式家具洗练、流畅、朴素的线条，古民居窗棂的几何方格造型，甚至唐代突出建筑结构的装饰手法等。这些古典元素在首饰设计时都可以借鉴，但同时又要有现代化的理念，将现代元素与传统、古典元素相互结合。如在香港知名首饰设计师翁狄森的设计中，可见其一直对中国历史文化及艺术有千丝万缕的情意结。他的作品"窗花"、"景泰蓝"、"如意锁"、"剪纸"等将传统中国文化与当代珠宝艺术承传起来。还有国内设计师万宝宝、Lan珠宝的作品设计也注重与中国传统文化相连（图4-35～图4-37）。

(a) 景泰蓝系列

(b) 如意锁系列

(c) 牡丹剪纸系列

图4-35　翁狄森之作

当代首饰的发展是首饰发展的一个新的阶段。回顾首饰发展的历史进程，在早期的首饰发展中一直是材料、技术和造型上的发展和演变，而当代首饰艺术同时也在观念上有很大的革新。我们处在一个信息高度发展的开放性社会，电脑技术和网

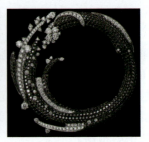

(a) 珠含玉露·吊坠　　(b) 玉兰腾芳　　(c) 上善若水

图 4-36　Lan 珠宝

(a) 宝瓶系列　　(b) 手镯　　(c) 宝瓶系列　　(d) 宝瓶系列

图 4-37　万宝宝之作

络技术的飞速发展已经将我们带入了一个信息化时代,未来的生活要求我们将自我展现出来,更好地加强人与人之间的沟通与交流。因此,当代首饰设计作为一种艺术形式将是多元化、开放式的,将会成为人们之间更好地沟通与交流的标志。

小测试

1. 20 世纪 70 年代典型的新材料(　　　　)的使用标志着当代首饰发展的一个新起点。

2. 流行于 20 世纪 50—60 年代的(　　　　)风格,主张把设计元素减至最少,去除多余的、繁复的表面装饰,这种风格的首饰在(　　　　)、(　　　　)和(　　　　)中都出人意料。

3. 装置艺术是一种始于 20 世纪(　　　　)年代的西方当代艺术类型,也被称为(　　　　)。

4. 新古典之一的首饰既带有(　　　　)、传统元素,又不失(　　　　)风格。

5. 简述当代首饰的发展特征。

6. 简述装置艺术的概念。

7. 简单阐述 Wabi Sabi 风格。

中外民族首饰

第五章

本章所讲到的中外民族首饰主要是指我国少数民族首饰及国外一些具有典型特征的民族或部落首饰。民族首饰代表着每个地域最具代表性的装饰文化,其首饰的形体结构、传统的制作工艺以及各种佩戴方式都值得我们学习、欣赏、借鉴。

第一节　中国少数民族首饰

中国有55个少数民族,大多都生活在边远地区,因其地处特殊地理环境,他们具有崇尚自然、自由活泼、豪放洒脱等特色。各少数民族的人们都喜爱佩戴自己独特的首饰,其首饰造型、质地都与本民族的历史、宗教、审美息息相关,因此在长期的历史发展过程中,都形成了本民族独具特色、风格各异的首饰文化。根据其不同的文化特点,大致可以分为几类:居住在新疆、甘肃、宁夏等西北地区信仰伊斯兰教的少数民族首饰,如乌兹别克、塔吉克、克尔克孜族的首饰,呈现伊斯兰文化的风采;蒙古族、藏族首饰则显露游牧民族的特色;苗族、彝族、瑶族、壮族等山区的少数民族首饰则有明显的山民文化特色。

中国少数民族首饰极为丰富,特别是银饰制品,55个少数民族几乎无不佩银、挂银,种类丰富、风格多样。我国少数民族的首饰种类主要有头饰、项饰、耳饰、腰饰、手饰、腕饰等,以下介绍各民族典型首饰。

一、少数民族头饰

中国少数民族是多彩的民族,每个民族所佩戴的饰品也是绚烂多彩,尤其是头饰。少数民族自古以来就重视头饰,在大部分少数民族的思想观念中,头及头发是人体最神圣的部位,同时也是人的灵魂所在,从某种意义上讲他们的头部装饰同时也体现了各个民族不同的文化传统、宗教习俗、审美心理以及生存状态等。

少数民族头饰除了冠帽、巾帕之外,还有簪、钗、梳、箍、环、泡、穗等发饰。头饰材料极为丰富,主要有银铜、珠宝玉石以及有特殊意义和审美价值的材料,如兽类的角、骨、牙、爪、毛,还有鸟羽、贝壳、花草、果实、竹木、藤麻、毛线、绒珠、丝穗等。

（一）塔吉克族头饰

塔吉克族人长期生活在海拔高达 4km 的帕米尔高原,被称为"世界屋脊居民"、"离太阳最近的民族"。今天,大部分塔吉克族人居住在新疆维吾尔自治区,少数散居在昆仑山麓地区。

图 5-1 塔吉克族新娘的装束

塔吉克族的少女所戴的平顶帽用紫、金黄、大红色的平绒精心绣制,用金、银亮片或珠子编织成花卉纹样,装饰在帽檐四周,前沿垂饰一排色彩艳丽的串珠或小银链(图 5-1)。而已婚妇女戴绣花圆筒形羊皮帽,帽的后半部垂有帘布,可遮及后脑和两耳。

点珠工艺是西北地区各民族所共有的金属饰物装饰手法,比较讲究的金属饰物都使用这种工艺来进行装饰,这种工艺将大小不一、粗细变化的银珠堆积成立体几何形,用焊粉焊接固定后再配以花丝,呈一种特殊的风致(图 5-2)。

图 5-2 塔吉克族头饰

（二）蒙古族头饰

"蒙镶"是蒙古族首饰的具体体现,多运用包镶、花丝工艺将大量的珍珠、珊瑚、绿松石和琥珀作装饰,形成巧妙的搭配组合,整体图案和谐有致。蒙古族的首饰内容很丰富,体积较大,有大型的冠饰、大面积的璎珞等,用色对比强烈、造型粗犷,而做工十分细腻,是精致与粗犷、富丽与庄重完美的统一。

1.蒙古族头饰的制作材料

(1)红珊瑚。蒙古族妇女头饰式样繁多,变化丰富,主要以红色为基调,大量使用红珊瑚。使用红珊瑚是因为信奉萨满教的蒙古族人崇拜火,而火是生命力旺盛的象征。

(2)绿松石。蒙古族头饰中的绿松石多与红珊瑚搭配,色差对比强烈。绿松石在蒙古代表着对辽阔草原的赞美。

(3)白银。因为白色圣洁而高贵,如同洁白的哈达,因而用白银镶嵌珊瑚、绿松石的头饰是蒙古族最为贵重的饰物(图5-3)。

图5-3 蒙古族女子的装束

2.蒙古族头饰的制作工艺

蒙古族头饰以花丝工艺成型,不作錾花,工艺十分谨慎,手法变化灵活。

(1)细丝塑形法。这种工艺在塑造纹样时,用银丝绕成麻花,然后压扁,使线边吐出均匀的小银珠,再以同样的方法制作一条细丝,将粗细两条花丝焊在一起,用这些花丝围成所要花形,铺在需要装饰的部位,用砂焊即可,一般主纹用的花丝可在左右各焊一细花丝,使主纹更具有立体感(图5-4)。

(2)花丝立体缠绕法。这种工艺

图5-4 蒙古族头饰一部分

是将花丝一层叠一层,一环套一环,层次十分丰富,是蒙古族头饰之独有工艺(图5-5)。

(3)连珠缀叠法。这种工艺是将小银珠用线串连起来,与珊瑚珠一起缀缝成纹样,再镶上几颗绿松石,强化色彩对比(图5-6)。

3.蒙古族头饰的形式组成

蒙古族妇女的头饰在部落与部落之间均不一样,鄂尔多斯的妇女头饰最具有代表性。这个地区的头饰非常典型,满头用金银珠翠装饰,显得雍容华贵,主要由"连垂"和"发套"两部分组成。

(1)连垂。它是已婚妇女脸庞两侧数条小辫上系戴的,用布缝成两个扁圆形或

图5-5 蒙古族头饰一部分

鸡心形的胎垫,下接黑色的长条辫套,辫套上绣有花纹或饰以金花银片,布胎垫上饰有密密的缀满珊瑚、玛瑙和镂花嵌玉的金、银饰品。

(2)发套。发套戴在头顶,与连垂相配套。发套上缀有12条达玛苏,用珍珠串和金银链组成中间长、两侧渐短的形状。两侧为流穗,由红珊瑚和绿松石及银链串成,华美的流穗从两颊一直垂于胸前,脑后则是护领屏风,也用红玛瑙、绿宝石镶在金、银珠串上。还有一些发套用翡翠和玛瑙镶饰,更显华贵之气,在发套上还戴绣有"双龙戏珠"的礼帽,整个头部除脸庞外,全被金银珠翠所覆盖(图5-6)。

图5-6中为蒙古族妇女的头饰,该套头饰由八件套组合而成。此套头饰为银质,采用花丝工艺成型,盘丝曲饶,层次丰富,饰物上镶嵌十几粒硕大饱满、色彩极为美丽的珊瑚珠,与雅致的白银及精巧的花丝产生强烈的对比,呈现出蒙古族人民彪悍、豪放的性格和他们特殊的审美情趣。

图5-6 一套完整的蒙古族头饰

(三) 藏族头饰

藏族的装饰丰富多彩，多用金、银、红珊瑚、绿松石、琥珀、蜜蜡、象牙、玛瑙制作。这些饰品做工细腻，精致的镂雕、錾花是藏族首饰的主要装饰工艺手法。

藏族的头饰也不例外，具有典型的藏族饰品风格。藏族妇女以长发为美，因此尤其重视头发的装饰。藏族妇女的发型暗示了婚姻状况，如头顶在众多小辫中有一条主辫表示未婚，有两条主辫表示已婚。有些地区的中老年妇女剪光头发表示丧夫不嫁，60岁以后的老年妇女均剪短发，基本上不再佩戴饰品，有的只包头帕。

1. 藏族头饰的装饰形式

(1) 辫发。古时候藏族妇女忌讳披发，认为那是妖女的发式，因此经常梳理成"辫发"的形式，一直流传到现在。她们一般是20至30天洗一次头，每洗一次头就相约几个好朋友来帮忙辫发(图5-7)。

(2) 辫套。藏族女子多将长发梳理成辫后装入"辫套"中，它也称"辫筒"，呈细长方形装饰袋。它是妇女后背辫梢相连的装饰品，也是藏族妇女常见的一种头饰，多为绸缎质地，也有棉布质地，其长度自肩至膝盖处或与人身等齐，也有正方形或长方形的绸料图案短辫套。辫套带子上则点缀有大小不一、数目不等的各种银牌、银盾、银币、珊瑚、玛瑙、蜜蜡等(图5-8)。

图5-7　藏族妇女辫发

图5-8　辫套

2. 各地域的典型头饰特征

(1) 卫藏地区的头饰。卫藏的阿里地区中，妇女盛装时戴一种扇形头饰，用红色、黄色的锦缎做底，上面缀满孔雀石、珍珠等，扇面正中串系珍珠、珊瑚的珠帘垂至前额，珠帘末端悬挂片状银坠，犹如帝王冠冕上的"旒"，同时还将另一扇形头饰

搭于右肩上,更增加了服饰的美(图5-9)。

(2)康巴地区的头饰。康巴男子的头发加进牦牛毛编成饰有红丝线的独辫盘于头上,戴红珊瑚或象牙发箍,红丝线穗垂于左耳侧。

康巴地区的女性头饰最醒目,前额戴一颗镶有红珊瑚的黄琥珀,黄琥珀的两侧是成串的蓝色的松耳石小珠,发套上的黄琥珀垂在臀部,长达小腿处,用银腰带束住(图5-10、图5-11)。

(3)安多地区的头饰。安多地区的女子头上戴辫套(辫筒)是这个地区头饰的典型特征。女孩子16岁后举行成人礼,16~18岁的姑娘发饰

图5-9 卫藏地区女子装束

(a)康巴女子装束(正面)　　(b)康巴女子装束(背面)

图5-10 康巴男子装束　　图5-11 康巴女子装束

称为"上头",其方法是先在头顶部挑出圆形"头路",将"头路"内的头发分成九股并向后合编成一条大辫。头路四周的头发编成小辫,越有钱的人家发辫越细,辫数越多,待编完一圈后用针线将所有的小辫穿起来,然后从脸部两侧拉到后颈,与头顶大辫相连的是一条长60cm、宽20cm的叫"龙达"的胎板,其上钉有银泡,镶有琥珀、玛瑙。"上头"后的女子就可以自由接触男子了,出嫁时新娘要梳近百条小辫,常由四人帮忙梳理,花费三四个小时才能编出精美的辫子(图5-11)。

(4)嘉绒地区的头饰。嘉绒地区的妇女常戴"一匹瓦"的头帕,与大凉山彝族妇女的头饰相近,只是头帕的花形不同。另外,年轻妇女多戴金银饰品和镶嵌珠宝的头箍,并缠于头帕中的发辫上(图5-12)。

(四)苗族头饰

苗族首饰缤纷多彩,以银头饰、胸饰为主。苗族的银饰已形成一套完整的装饰系统,它不仅是苗族人审美情趣的独特表现形式,同时还是富贵的象征,因此,用银饰来装饰自身,成为苗族人一种普遍的心理追求。除银冠之外,银饰的主要种类还有银牌、银压领、银花圈、银扁圈、手镯、指环、银花、银蝶、银披肩、银钮等,花衣上的银饰平时与花衣分开,到节日才连缀为银衣。节日期间,姑娘们穿其盛装,在闹市炫耀,苗家称之为"亮彩"。此外,苗族银饰的主要特征是以大为美、以多为美、以重为美。

图 5-12 辫套

苗族是一个古老的民族,也是我国支系最多的民族之一,据清代史籍记载其支系就有 82 种。它保持了较为完整的古代习俗和古代文化形态。例如:苗族小孩仅留顶发;女孩到十五岁时留长发,挽髻于顶,黄平地区的小女孩戴平顶褶紫红色绣帽;未婚女青年盛装戴银冠;已婚则改为包头帕。凯里、雷山一

图 5-13 嘉绒地区女子装束

带的苗族少女盛装时满头银花,而已婚者则挽髻于顶,仅插银梳等少量银饰,老年妇女挽髻并包黑头帕等。

苗族的银头饰在我国少数民族中最为突出,以下通过介绍几种具有代表性银头饰来了解苗族的头饰特征。

1.银角

(1)施洞苗族纹银龙角。纹银龙角是施洞苗族银饰中一件十分有特色的重要头饰,盛装出席重要场合的姑娘们绝不能缺少这件头饰(图 5-14)。

据了解,施洞苗族银饰的纹银龙角出现较晚,最早施洞的苗族银头饰只插四片小银片,而且是不錾花的素面银片,后来才受到其他苗族支系插龙角的影响,逐步形成施洞纹银龙角头饰。它通常都是选用上好白银,精雕细刻而成。现在施洞几乎每位姑娘都有一套银饰,而银饰的多少已转化成审美内容的重要外化形式。佩

图 5-14　施洞苗族纹银龙角

戴银饰以多为富、以多为美,成为这一地区的时尚。

（2）雷山苗族大银角。大银角是雷山苗族的重要饰物,也是苗族众多银角中最大的银角。盛大节日时的姑娘们,头上必须要戴上大银角参加仪典。银角上的装饰纹样,偶见外族影响的痕迹。大银角的纹饰采用錾花工艺,錾刻成浮雕状,常用的纹饰有双龙戏珠和双凤朝阳,錾刻工艺十分精湛（图 5-15）。

图 5-15　雷山苗族大银角

（3）白领苗族银角。白领苗族的服饰颇具有古风,此地区的头饰也带有古风之气（图 5-16）。

2. 银围帕

银围帕有两种类型:一种是将散件银饰固定在头帕上;另一种则整体为银制,

第五章　中外民族首饰

图 5-16　白领苗族银角　　　　图 5-17　银围帕

内衬布垫或直接固定在头上(图 5-17)。

　　银围帕是施洞苗族独具特色的传统头饰之一,而且最为精致。其形式主要分三层:上层为二十九个芒纹圆形银花;中层正中镶嵌圆形镜片,镜片两侧各有十四位骑马将士;下层为垂穗。银马围帕以骑马将士为主纹,兵士们披盔戴甲,队列整齐,骏马蹄踏银铃,威武雄壮(图 5-18)。

　　而贵州凯里舟溪苗族的银围帕中间宽,两端窄,系于额际,颇类古代首饰中的抹额(图 5-19)。

图 5-18　施洞苗族银围帕　　　　图 5-19　贵州凯里舟溪苗族银围帕

3. 银花冠

　　苗族的银花冠非常华丽,因地域不同其形式也有所不同,有围冠式、冠帽式等,以花鸟等自然元素为主题,运用花丝、錾刻技术,其中黄平地区的苗族花冠最具特色(图 5-20)。

　　图 5-20 中的最后一顶凤冠是用纯银打制,采用錾花和花丝工艺相结合的技术手法,造型既丰满圆润,又精巧灵透。此凤冠以近 300 朵栀子花作为主要纹饰,栀子花圆瓣以花丝镂空,密集坠在凤冠上,形成一个生动的弧形。凤冠下围分别錾

图 5-20　银花冠

刻太阳纹、龙纹、凤纹、鱼纹、狮纹等，冠围下面还缀有芝麻花吊玲，每当姑娘佩戴走动时，便显得有声有色，楚楚动人。

4. 银发簪

（1）银发簪钗。苗族银发簪钗的样式极多，题材多以花、鸟、蝶为主。从风格上来看，有的发簪纤巧细腻，有的古拙朴实，各具特色。如施洞苗族银凤发簪造型生动，凤头冠雄喙秀，凤颈常用银丝编织，质感极强（图 5-21）。

图 5-21 是施洞苗族的百鸟朝凤头钗。其采用十分精巧的花丝工艺制成，以双凤鸟为主纹，配上各种飞鸟、蝴蝶、花草，整个头钗高低变化，错落有致，层次十分丰富。

（2）银插针。银插针同属于苗族发簪，形式简单，类似汉族民国时期的银发簪。银插针的类型很多，有叶形、挖耳形（一丈青）、线纹镶

图 5-21　银发簪钗

珠、几何纹银插针等，数不胜数。它与其他特定的饰品进行整体组合，在特定的环境佩戴，能充分展示苗族文化特征，成为不可替代的苗族装饰形式（图 5-22）。

（3）银网链饰。银网链饰属发簪类，主要装饰女子脑后发髻。典型的有坠鱼五股网链饰，由插针穿环固定，其形式如网张开，罩在髻后（图 5-23）。

5. 苗族银梳

苗族银梳的功能与我国古代梳篦的功能相似，既可梳发、压法，又是头部的装饰品，通常内为木质，外包银皮，仅露梳齿，非常精致。从工艺上来看主要分为以下

第五章 中外民族首饰

图 5-22　银插针　　　　　　　　　图 5-23　银网链饰

几种。

（1）花丝银梳。图 5-24 中的银梳主要以花丝工艺为主，装饰的凤鸟、花草、鱼虫均用花丝立体叠缀，层次十分丰富，在贵州都匀地区，多为苗族姑娘作头饰佩戴，插于脑后。

图 5-24　花丝银梳

（2）錾花银梳。图 5-25 为贵州短裙苗族银梳，造型十分奇特，梳背和梳的正面各饰两排锥状体，每排九个，长约 4～5cm，并装饰连珠纹。据说这种锥状体在饰物中象征雷公闪电，具有镇鬼避邪的功能，佩戴时常插于脑后。

图 5-25　贵州短裙苗族银梳

图 5-26 银梳

图 5-26 中的银梳装饰以七个錾刻的小菩萨为主纹,小菩萨为圆雕立体状,排列在梳脊上,下坠圆形錾花片及芝麻花吊坠,还有长短不一的银链条,佩戴在头上既为装饰,也为镇祟驱邪。苗族姑娘多在过大节时佩戴。

(五)高山族头饰

高山族是个喜爱鲜花的民族,常常用鲜花装饰自己,除此之外还用贝类、珍珠、玛瑙、玉珠、兽牙、兽皮、兽骨、羽毛、花卉、铜银制品、钱币、纽扣、竹管等来装饰。排湾人和鲁凯人特有的琉璃珠饰贵族祖传宝物,是佩戴者身份、地位和财富的象征。新人结婚时需有高贵漂亮的珠子作聘礼,才能显示其高贵的地位。排湾人和雅美人喜欢自制的竹梳和竹篦,一般约为 8cm 宽,上部握柄雕成人头形、蛇形或鹿形等。

1. 阿美人头饰

阿美人分布在台湾东部沿海平原地带,是高山族群人数最多的一支,头戴羽冠和能歌善舞是他们的最大特色。

阿美男子平时用黑布缠头、戴耳饰,婚庆、祭祖等盛装时头戴高大的白翎羽冠。阿美妇女盛装时佩戴用玛瑙及珍珠串成的头饰,头顶饰红色穗子(图 5-27)。

2. 泰雅人头饰

泰雅人居住在台湾中北部山区,把文身刺面作为成人的标志,此俗已有数千年历史。他们认为文身可以辟邪,死后可作为辨认族人的标记。

泰雅男子在额前文竖立的带状纹样,是英雄的象征。泰雅妇女额头文一宽而直的竖条,双颊文两条斜纹成"V"字形,俗称"刺嘴箍",又叫"乌鸦嘴"。脸圆的少女文面后,脸更显修长,有明显的清秀感,这也是高山族传统审美观念的反映(图 5-28)。

3. 赛夏人头饰

赛夏人居住在台湾新竹县五峰乡山地及苗栗县南庄、狮潭两乡的近山地带。赛夏男子头部结饰带,赛夏妇女头部结黑、白、红线编成的花额带或红布上钉有贝壳、珠串的额带(图 5-29)。

4. 排湾人头饰

排湾人主要生活在台湾东南海部。排湾男子的冠帽极为富丽高贵,有的以自

第五章　中外民族首饰

图5-27　阿美人头饰　　　　图5-28　泰雅人头饰

己猎获的兽皮做额带，带上用兽牙、珠串组成的圆形帽章，以象征太阳；有的则用兽皮做成皮帽，帽上插饰鹿角，以表示勇猛及贵族的身份。

排湾妇女的头饰也很讲究，在珠绣的额带上装饰尖锐锋利的兽牙，使女性的温柔中现出刚毅，与服装上的白步蛇纹、人头蛇纹相辅相成。有的女冠则以绒球、珠串、羽毛装饰，冠后挂银坠，更显婀娜多姿，婚后的排湾妇女长戴黑头巾（图5-30）。

图5-29　赛夏人头饰　　　　图5-30　排湾人头饰

二、少数民族项饰

少数民族除了装饰头部以外，还非常重视装饰自己的颈部，尤其是在族内巨大活动穿盛装时，颈部的装饰更加绚丽。少数民族的佩戴项饰就像每天穿衣一样的寻常，可以说已成为日常生活中不可缺少的一部分。其中有些民族以颈长为美，重视颈部修饰，如彝族。有些民族的颈部装饰与头部装饰配套搭配，如苗族。

少数民族的项饰材质多数为银，配有绿松石、玛瑙、珊瑚等宝石材料，同时也有其他材料，如兽类的角、骨、牙、爪、毛、鸟羽、贝壳等。项饰的种类繁多，最常见的形式是项圈、压领等,以下介绍各少数民族的典型项饰。

(一)藏族项饰

藏族人重要装饰头部、胸部、腹部,因此藏族人的项饰形体都很夸张,从颈部一直垂到腹部,从佩戴的角度来看藏族的项饰也可以称为"胸饰"。

藏族人的项饰(胸饰)首饰材料均采用未经打磨、修饰的自然形态,他们常在胸前戴一串或多串红、绿、黄相间的宝石项链或饰有宝石的护身盒"嘎乌"(一种护身符),常用红珊瑚、琥珀、玛瑙、异形的绿松石制成的佩饰,给人以粗犷、原始之美。

1. 串珠项饰

藏族的这类项饰(胸饰)主要是由奇异夸大的珊瑚珠、玛瑙、绿松石、琥珀制

图 5-31　串珠项饰

成的,色彩丰富,是藏族男女主要的颈部装饰(图 5-31)。

2. 护身符项饰

嘎乌,为小型佛龛,通常制成小盒型,佩戴于颈上,龛中供设佛像,印着经文的绸片、舍利子或由高僧念过经的药丸,以及活佛的头发、衣服的碎片等。嘎乌质地有金、银、铜三种,盒面上多镶嵌有玛瑙、松石,并雕刻有多种吉祥花纹图案(图 5-32)。

图 5-32　护身符项饰·嘎乌

对嘎乌的佩戴,男女形式各异,男子一般是方形的,女子用圆的或椭圆形的。佩戴嘎乌的方式也极为讲究,男子一般斜挂于左腋与左臂之间,女子则用项链或丝绸带套在颈上悬挂于胸前,四品以上贵族则将嘎乌戴在发髻中作为官位的标志。

（二）苗族项饰

苗族项饰多与所戴的头饰配套，形式多样，不同支系有所不同。下面介绍苗族各支系典型的项饰种类。

1. 银压领

上文中提到汉族把这类饰物称为"长命锁"，而苗族称为"压领"。银压领在贵州的不同民族中都有佩戴，只是形式略有不同，且都为辟邪之物。其表面纹饰多按照本民族的社会观念和审美情趣来塑造，变化十分丰富（图 5-33）。

图 5-33　银压领

2. 银项圈

（1）贞丰苗族项圈。贞丰苗族的项圈纹饰带有古朴之风。据说贞丰苗族是在清朝雍正年间由黔东南地区迁徙到黔西地区的，他们至今还保持着从前的黔东南方言。在民族迁徙的过程中，往往远离族群的支系更注重在历史演化中保持原有的生活方式和文化形态，因为这是他们将来寻根的依据，是回到老祖宗那里的凭证。所以，仔细观察贞丰苗族的项圈纹饰，不管是龙凤还是花卉草虫都显得更古朴，历史感更强（图 5-34）。

图 5-34　贞丰苗族项圈

(2)从江苗族项圈。从江地区的苗族银项圈造型粗犷古朴,不做精细雕花,而采用扭丝工艺,将银条扭成麻花状,中部粗而两头细,有很强的节奏感。该地区的青年男女均戴银项圈(图5-35)。

(3)革一苗族项圈。革一苗族项圈主要有戒指项圈和扁丝项圈两种类型(图5-36)。

图5-35 从江苗族项圈　　　　图5-36 革一苗族项圈

(4)施洞苗族项圈。施洞苗族项圈通常由龙骨项圈和龙项圈组成,也可以单独佩戴。其中龙骨项圈常用方形银丝烧成,其工艺十分复杂,是苗族最重要的项圈之一。而龙项圈是施洞苗族姑娘的重要饰物之一,有时可以不戴头饰,但必须要佩戴龙项圈。龙项圈多采用錾花工艺,錾刻成高浮雕,项圈下多坠蝴蝶、菩萨、鱼形、花果等吉祥纹饰,有时还吊铃铛,有声有色(图5-37)。

图5-37 施洞苗族项圈

(三)水族项饰

水族主要分布于云贵高原苗岭山脉以南的都柳江和龙江上游一带,集聚于贵州的三度水族自治县。

在贵州,花丝工艺是水族的最深厚的传统工艺,制作也十分谨慎细致。水族的项饰就像苗族的项饰一样华丽,水族妇女喜好在颈上佩戴三个由小到大的银圈,多显方条形,胸前垂一高6cm、宽20cm的月牙形银压领,下吊银链、银铃,长近30cm,

遮住了胸前围裙花饰,成为重要的装饰物(图5-38)。

图5-38中后一张图是一件银压领,左右各有一花丝银龙,中部是龙门,非常具有立体感。银锁下坠大量的叶形小银片,烘托出强烈而丰富的装饰效果。

图5-38 水族银压领

贵州基场水族与白领苗族混居一地,和睦共处犹如一家。水族银匠可打制苗族饰品,苗族银匠也可打制水族饰品,甚至苗族人可以收水族人当学徒,水族银匠也可以拜苗族银匠学手艺。但是,银饰的形式却是不能乱的,水族有水族的样式,苗族有苗族的形式,对于银匠而言是一点也不能弄错的(图5-39)。

图5-39中这件水族银压领为花丝双龙戏宝,压领的坠饰吊挂有蝴蝶、钱纹、鱼纹、飞鸟、蝉虫等,都是以花丝精心制作,十分生动。

(四)彝族顶饰

彝族人以黑为贵、为美,彝族人用黑色代表人类与之依附存在的大地一刻也不分离。彝族不管男女老幼皆全身着黑色为饰,并以此显示自己身份高贵和等级的森

图5-39 花丝双龙戏宝

严。古时,彝族人曾以黑虎为图腾,崇敬火是彝族人民重要的信仰,彝族每家每户均有火塘,他们视之为火神的象征,严禁人畜触踏和跨越。火又代表了吉祥,因而彝族有以火驱害除魔、祈求五谷丰登的"火把节"。崇武是彝族的重要民族性格,此外彝族

人还对天地、日月、星辰崇拜,对龙、鸡、马缨花、蕨草崇拜。中老年妇女的荷叶帽以及男子毛毡斗笠上钉日月形的银片等,这些都体现了彝族人对神崇拜的信念。

彝族妇女以颈长为美,重视颈部修饰,她们的罩衣与衣领分离。彝族妇女对颈部的装饰主要是衣领上贴银泡并绣精致的花纹,领口戴长方形的银牌,使之倍显端庄华贵,同时还支撑了下颌部,使颈部一直保持着修长状态。但当地女子很少佩戴银项圈、银项链等饰物,这是彝族区别其他民族的一个典型特征(图5-40)。

图5-40 彝族项饰

三、少数民族其他首饰

少数民族除了头饰、项饰以外,还有多种具有民族风格的首饰,例如各民族的耳饰、臂饰、手饰、腰饰等,它们都是少数民族最常见、几乎每天佩戴的首饰。由于这些首饰被佩戴的普遍性,所以有些民族的耳环、耳坠、手镯、戒指等形式大致相同,共同代表了少数民族的装饰风格,同时也表明了本族人的审美观念及审美取向。

(一)耳饰

耳朵,作为人体头部最重要而且最显著的部位之一,自古以来就是人类装饰的重点。在上一章节中国古代首饰中,已经介绍了耳饰的发展。纵观近现代我国少数民族的耳饰,其用材和形式多种多样,小的如豆、大的如盘、短的如扣、长的如串,应有尽有。

新疆等中国西北地区的少数民族多佩戴金属材质的船型大耳饰。这种船型大耳饰多采用花丝、点珠工艺制作。藏族的耳饰丰富多彩,材料选择很讲究,在工艺上多采用錾花、点珠、镶嵌、花丝等多种工艺技巧,善于将珊瑚、玛瑙、松石、琥珀、珠料、铜钱、金、银等巧妙运用。云南怒族、布朗族、珞巴族的人们都喜欢佩戴大耳环、耳珰等。

1. 耳环

耳环,历史悠久且非常流行,几乎各民族的人民都普遍地佩戴耳环,所不同的是其形式、寓意不同。耳环主要有两种类型。

（1）素面无纹。这类耳环多是没有任何装饰的粗环，流行于各个民族中。例如傣黎女子以佩戴大耳环著称，从成年起每增一岁要增加一对耳环，每只重约50g，年长的妇女耳环重达5000多克。有的傣黎妇女将耳环顶于头上，以减轻耳垂的负担。另外，傣族、佤族妇女同样也喜欢戴素面无纹的大耳环（图5-41）。

图5-41 素面无纹的耳环

（2）复杂装饰。在少数民族中还流行另外一种耳环，这种耳环半开口状，在耳环向前方的一段上焊接了方形镂花饰片，随耳环的圆形弯成相应的弧度。从佩饰者的对面，只看见方形镂花饰片，看不见耳环的其他部分。例如维吾尔族耳环大多为半开口状、新月形状，环的一段多为花丝、累珠工艺制成的精美装饰图案（图5-42）。

图5-42 半开口状耳环

2. 耳坠

少数民族的耳坠多样，呈长方形、圆形、梯形、不规则形的银片或铃铛，归纳起来主要有独坠型、多坠型和镶珠串珠型三大类。

（1）独坠型。这种类型的耳坠形式最为简单，即在耳环上坠一条简单的银片、银链或银坠（图5-43）。

（2）多坠型。

①圆环排列式。圆环排列式多指在大银环下吊有各种形状的装饰物，有几何

形银片,还有穿孔宝石等其他材料。还有些多坠型耳饰垂挂流苏状或具有其他装饰感的银链,其长度可至肩(图5-44)。

②平列式。平列式多指银牌耳坠,即在有錾刻、累珠、镂空等表面处理的各种形状银牌下沿垂挂各种形式的单排银链等装饰。其中多坠型耳饰的银链有圆形扣、"S"形扣、花朵形扣、螺形扣等,常坠有葵花子形、水滴形的银片、银铃和银珠等(图5-45)。

图5-43 独坠型耳坠

图5-44 圆环排列式耳坠　　　　图5-45 平列式耳坠

③镶珠串珠型。镶珠串珠型耳坠在蒙古、藏、珞巴等民族颇流行。

藏族镶珠串珠型耳坠一般是圆环一段坠下作银耳柱,用来串金属装饰佩件、珊瑚珠、松石、孔雀石珠等,形式古朴,藏族女子、男子均有佩戴,只不过藏族男子的耳饰样式比这种耳饰更加粗犷硕大(图5-46)。

图5-46 镶珠串珠型耳坠

3.耳珰

耳珰,历史相当久远,在基诺族、佤族、珞巴族、德昂族等颇为流行,同时在后文提到的泰国长耳族中也有介绍。耳珰形式多样,有伞形、鼓形、花形、柱形、丁字形等不同造型。至今在一些少数民族中年妇女的耳垂上,还可以看到银质的鼓形耳珰。佤族顶花盘耳柱,手指般粗长,空心耳柱略呈锥形,有时还将一个耳环穿过中空耳珰中、孔中坠挂下来(图5-47)。

图5-47 耳珰

(二)臂饰

少数民族的臂饰主要有手镯和臂钏两种形式,尤其是手镯从古至今都是少数民族女子腕上必不可少的装饰物。

1. 臂钏

(1)宽口臂钏。宽口臂钏在少数民族装饰中较为流行,其中佤族妇女最爱佩戴。宽口臂钏的形式多样,主要有开口和不开口两种臂钏,傣、哈尼、德昂、景颇等民族流行佩戴开口臂钏(图5-48、图5-49)。

图5-48 臂钏

(2)跳脱。臂钏的另外一种形式是跳脱或条脱(上文中国古代臂饰中已提及)。佤族跳脱的银条很宽,似乎很随意地盘几绕,成形后有四五厘米高,双臂对称地佩戴。另一种跳脱,银条中段圆,而两稍却扁,盘绕成形后,跳脱的中段较厚(图5-50)。

图5-49　景颇族开口臂钏

图5-50　佤族跳脱

2.手镯

手镯的佩戴在各民族中比臂钏普遍，镯身有宽、中、窄之分，常见的形式主要有以下几种。

(1)空心大银镯。景颇、阿昌、蒙古、彝、傣、白等民族均有纹饰不同的空心大银镯。这种类型的镯身剖面为半圆形，是由内外两环银片焊成的，在外凸的一面上加饰(图5-51)。

图5-51　彝族空心大银镯

(2)实心银镯。实心银镯是浇铸成型，质量很重。

(3)单层银镯。在少数民族的手镯中，更多的还是单层银镯：镯面有宽、有窄；平面圆凸如鼓形；镯面大多有卷边，錾刻各种花卉纹与几何纹。其中开口的一种，装有能开合的卡口，加小链连接或加双狮、兽头等为饰，几乎每一个民族都有此类银镯(图5-52)。

(4)扭丝银镯。扭丝银镯在白、彝、藏、傣、德昂等民族中都流行，因形如绳索，民间叫银扭索。扭丝银镯由银丝扭成，有的扭制成圆形镯身，有的扭成片形镯身，镯身粗者有2cm左右，细者仅似一根面条。

(5)镶宝手镯。镶宝手镯主要在藏、蒙古等民族中

(a)侗族银镯

(b)德昂族银镯

图5-52　单层银镯

流行。其是单层表面錾刻、累珠等表面处理的银片圈镯，表面镶嵌各种宝石，装饰感强，工艺出色。

(6) 串珠手镯。串珠手镯也可称"串珠手链"，主要流行在藏、蒙古等民族，多以一些不规则的珊瑚、绿松石、蜜蜡等宝石为材料，色彩鲜艳、造型粗犷（图5-53、图5-54）。

图5-53 藏族镶宝手镯

(7) 手箍。用细线在手腕上绕一两圈，云南人称其为"手箍"。这"箍"也如银锁的"锁"的喻意一样，有把人拴住、留住的用意，所以孩子们要戴手箍，成年女性也戴手箍。有些成年人，一个手腕上就戴十几个手箍，为了避免重叠碰撞，用一条彩线拴串，像戴了一只宽手钏。各族女性佩戴镯钏无一定之规，可多可少，但大都倾向"多多益善"。

施洞苗族的银手镯式样很多，有宝珠手镯、小米花手镯、藤形花手镯、空心花手镯、麻花手镯、六棱手镯等种类。姑娘盛装都要戴上六对银手镯，才能算是一套完整的银饰盛装。这些手镯的制作工艺十分多样化，有非常精细的花丝工艺，也有十分

图5-54 藏族串珠手镯

粗犷的绕丝工艺，还有相当独特的编结工艺，由此而形成了独特的工艺效果和装饰特征。

以下主要介绍具有典型特征的苗族手镯。

①宝珠手镯。宝珠手镯采用花丝工艺制成，十分细致，需要复杂的焊接工艺技术，焊工很高，一般的银匠不敢轻易尝试制作。宝珠手镯分单排宝珠、双排宝珠和三排宝珠，呈现出多姿多彩的外形特征（图5-55）。

②小米花手镯。小米花手镯也是施洞苗族所独有，是用12根银线编织而成，造型是中间粗而两头细的中空状，用一粗银条衬在编制的花丝中间，保持手镯圆形的稳固性，有的将交界处做成活口，佩戴时依据需要调整镯圈的大小。小米

图5-55 宝珠手镯

图5-56 小米花手镯

花手镯工艺十分独特,虽是传统工艺却呈现出很新的面貌(图 5-56)。

③藤形手镯。藤形手镯的制作工艺与藤形项圈的制作工艺基本相同,具有粗犷的原始风采(图 5-57)。

④麻花手镯。麻花手镯的制作是先将银条打成六菱形,然后把两根银条对绕成型,风格也非常简洁而朴素(图 5-58)。

图 5-57　藤形手镯　　　　　　　　图 5-58　麻花手镯

(三)手饰

少数民族的手饰主要是指戒指,与汉族戒指相比而言,其形体宽大,装饰感强,具有粗犷、质朴的风格。

1.简单圆环型

佤、哈尼、瑶、彝、白等民族偏爱简单的圆环戒指。这种圆环戒指形体简单,有简单装饰的效果。

2.花面戒指

花面戒指的式样极多,除了有花朵形、六方形,还有圆形、椭圆形和不规则形等。妇女盛装时两手上可佩戴多个戒指(图 5-59)。

(a)苗族　　　　　　　　(b)花腰傣族

图 5-59　花面戒指

3.镶珠戒指

这类型的戒指主要流行于蒙古族、藏族、滇西北地区,主要镶嵌珊瑚、松石、孔雀石或其他宝玉石。例如藏族的银镶珠戒指样式很多:有花朵形戒面,镶七颗小珠;有圆形、椭圆形戒面,镶一颗大珠,并在镶珠两侧加饰银耳;有筒瓦形戒面,镶圆、椭圆、心形、葫芦形珠(图5-60)。

(a) 蒙古族　　　　　　　　　　　　(b) 藏族

图5-60　镶珠戒指

(四)佩饰

佩饰在这里多指具有一定实用性的装饰品,与中国古代的佩饰稍有区别,主要有腰饰、肩饰以及佩刀装饰、针线筒等。

1. 腰饰

(1)藏族腰饰。藏族腰饰有布质的和布质缀银、镶宝的。布质腰带多彩色,色彩鲜艳(图5-61、图5-62)。

图5-61　布质缀银腰饰　　　　　图5-62　银质镶宝腰饰

(2)傣族腰饰。傣族腰饰为一条纯银腰带,能使傣族姑娘的身子更见窈窕。这种银腰带以银丝框或镂花银片连成,宽约四五厘米,带扣长方形,饰花草纹,偶尔也有方格缀银珠等几何纹。布朗族、拉祜族、阿昌族、德昂族等也用这种银腰带(图5-63)。

(3)苗族腰饰。苗族的腰带,在带稍的彩色流苏间缀入银币和小银片。但最出众的当属施洞苗族的银衣牌,银衣牌可看成是苗族的腰饰或服饰装饰,上面缝缀錾刻、镂空银牌(图5-64)。

图5-63　傣族腰饰　　　　　　　　　图5-64　苗族腰饰

施洞苗族的银衣牌是家庭中一份贵重之物,平时都锁在箱子里,盛大节日时,家中姑娘需要穿戴,才从木箱中取出与绣花衣缝缀在一起。它是苗族服饰体系中最为华丽、最为精细、最为独特的,每一片衣牌的纹样都是祖上传下来的。纹饰分别有仙人、龙、凤、仙鹤、麒麟、狮、虎、鱼等内容,形状分别有圆形和方形,连缀时用银泡分割排列,下坠蝴蝶和芝麻响铃。

(4)哈尼族腰饰。红河哈尼族少女的腰带很宽,紧紧束在身上,前面正中缝十六枚银币为饰,摆成正方形,有的再在两侧腰下加饰彩带流苏和银须坠。

(5)傈僳族腰饰。傈僳族腰带以白色贝片饰为主,带稍饰四枚银币,一只银蝶,围腰的彩色流苏上套银管两对。

2.银肩饰

银肩饰有肩帔、背被和挎包上的银饰。

(1)肩帔上的银饰。肩帔是盛装时才佩戴的大件银饰,现在只有景颇族、壮族、彝族等使用。

景颇族的银披肩一般由几十个直径四五厘米的银泡组成,银泡上锤有各式花纹,绕肩三圈,边沿有小扣,以线拴连。最外围的银泡下沿坠楔形银饰片和银骨朵玲为饰,前后均垂至腰际,现在所见的景颇肩帔,大多是素面无饰的银泡(图5-65)。

彝族肩帔,是在黑布贴花肩帔上加若干银饰。肩帔外形盛开的荷花,从领口向外,共饰银饰五圈:第一圈,银珠镶成锯齿形;第二圈,缀鱼形饰片一对、麒麟饰片六对,均为扁圆形;第三、四圈,缀方形或圆形的各种图案和银花框小圆镜共四十余枚;第五圈,在肩帔的花瓣形边缘沿缀须坠编丝的小鸟、灯笼、花朵和银叶片等(图5-66)。

图 5-65　景颇肩帔　　　　　　　　　　图 5-66　彝族肩帔

(2) 背被上的银饰。背孩子用的小包被,云南人叫背被。云南各地的背被都用刺绣和贴花装点得花团锦簇。彝族和白族等一些花被上被饰少量银珠,银珠总镶在花心、瓣尖处,与刺绣、贴花融为一体,相得益彰。现今一些地方的少数民族不做孩子用的背被,仅仅是姑娘们的装饰品,这种背被小而轻巧。

(3) 挎包上的银饰。在挎包上饰银的很多,挎包一般都用黑色土布做,在中间各色的几何形挑花图案上,镶缀银泡、银币和银珠,最常见的有川字形、十字形和丁字形排列。景颇族、德昂族、拉祜族、独龙族的挎包都很有特色。

3. 其他佩饰

(1) 佩刀装饰。

①蒙古族佩刀装饰。蒙古族信奉藏传佛教,多为錾花刀、象牙紫檀刀。錾花刀中在刀的纹饰里也充分反映出这种宗教信仰,刀鞘主纹多为藏传佛教纹饰中经常出现的"金翅鸟"纹、云纹、瑞兽麒麟等(图 5-67)。

②藏族佩刀装饰。藏族男子一般都要佩刀,横别在腰间,或斜挂在臀后。五六岁的小男孩,节日里一身藏袍,一把短刀,比成年人还像男子汉。迪庆藏族的腰刀,一般长四十多厘米,宽四五厘米,银柄、银鞘上刻有锤游龙、翔凤、雄鹰、猛虎、高山日出、宝相花等纹饰,特别讲究,刀柄上还要镶珠(图 5-68)。

图 5-67　蒙古族佩刀装饰　　　　图 5-68　藏族佩刀装饰

③景颇族的长刀装饰。景颇族的长刀,平头、直身、圆柄,长 80cm。平日使用的长刀装饰一般,出客、节庆等用的叫礼刀,装饰得很美。银柄中段包银丝鳞纹网,便于把握。木鞘外包银皮,镀深蓝、深红、淡黄三色珐琅图案,加套铜箍。

(2)银针线筒。银针线筒的使用,在汉族也有出现(前一章节也有介绍)。银针线筒在藏、彝、哈尼等民族中比较普遍。勤劳的妇女们下地干活时也带着针线,小憩时拿出来缝上一段,绣上几针。银针线筒既是漂亮的佩饰,又是方便的工具(图 5-69)。

图 5-69　银针线筒

小测试

1.(　　　　)工艺是西北地区各民族所共有的金属饰物装饰手法。

2.(　　　　)族被称为"离太阳最近的民族"。

3.蒙古族首饰多运用(　　　　)、(　　　　)工艺。

4.蒙古族头饰常运用(　　　　)、(　　　　)和(　　　　)材料。

5.蒙古族头饰主要由(　　　　)和(　　　　)两部分组成。

6.(　　　　)和(　　　　)工艺是藏族首饰的主要装饰手法。

7.藏族中 60 岁的老年妇女均剪短发,基本上不再佩戴饰品,有的只包(　　　　)。

8.大多藏族妇女将头发梳理成(　　　　)形式,并且把它装入(　　　　)中。

9.(　　　　)是施洞苗族银饰中一件十分有特色的重要头饰,盛装出席重要场合的姑娘们绝不能缺少这件头饰。

10.苗族(　　　　)地区的大银角是苗族众多银角中最大的银角。

11.苗族(　　　　)地区的银角带有古风之气。

12.苗族(　　　　)地区的银凤冠是众多苗族支系中最为华丽的头饰之一。

13.苗族主要有(　　　　)银梳和(　　　　)银梳。

14.项饰的种类繁多,最常见的形式是(　　　　)。

15.(　　　　)项饰是藏族男女主要的颈部(胸部)装饰。

16.嘎乌的形式各异,男子一般是(　　　　)形,女子一般是(　　　　)形或(　　　　)形;其质地为(　　　　)、(　　　　)和(　　　　)三种,盒面上多镶嵌有(　　　　)和(　　　　),并雕刻有多种吉祥花纹图案。

17.(　　　　)苗族的项圈纹饰带有古朴之风。

18.革一苗族主要流行(　　　　)和(　　　　)银项圈。

19. (　　　　)项圈是施洞苗族姑娘的重要饰物之一,有时可以不戴头饰,但它是必须要佩戴的。

20. 在贵州,(　　　　)是水族的最深厚的传统工艺,制作也十分谨慎细致。

21. (　　　　)女子以佩戴大耳环著称,从成年起每增一岁要增加一对耳环,每只重约50g。

22. 少数民族耳坠归纳起来主要有(　　　　)型、(　　　　)型和(　　　　)型三大类。

23. 耳珰的形式多样,有(　　)形、(　　)形、(　　)形、(　　)形、(　　)形等不同造型。

24. 少数民族的臂饰主要有(　　　　)和(　　　　)两种形式。

25. 施洞苗族的银手镯式样很多,有(　　　　)手镯、(　　　　)手镯、(　　　　)手镯、(　　　　)手镯、(　　　　)手镯、(　　　　)手镯等种类。

26. 少数民族的戒指主要有(　　　　)、(　　　　)和(　　　　)三种类型。

27. 少数民族主要有(　　　　)、(　　　　),以及(　　　　)和(　　　　)等佩饰。

28. 请简述我国少数民族耳饰的发展特征。

30. 请简述藏族、傣族、哈尼族、傈僳族和苗族的腰饰特征。

31. 请列举并简述蒙古族头饰以花丝工艺成型的三种方法。

32. 请简述蒙古族的首饰特征。

33. 请写出藏族首饰常用的材料(五种以上)。

34. 请简述四种以上的苗族头饰形式。

35. 请简述苗族银围帕的两种类型。

36. 写出苗族银发簪的三种形式。

37. 请简述苗族项饰的类型。

38. 简述汉族长命锁与苗族压领的异同。

39. 黄平革家项圈主要包括哪几类项圈。

40. 请简述彝族的颈部装饰。

第二节　泰国少数民族首饰

　　泰国是东南亚地区的大国,据考古学家了解,泰国文化起源于大约5000年前的青铜文化,有着悠久的历史,而在历史长河中遗留下的文化印记也是非常的丰富。

一、泰国早期首饰

据考古学家了解,泰族发源于中国的南部,泰族人民曾经多次的民族迁徙,到达泰国的北部,于13世纪建立最早的泰国王朝。考古学家在泰国东北部的万昌发现许多古老的遗迹——农诺他文化和班清文化,是东南亚青铜时代和铁器时代早期的重要遗址,它们证明泰国的文化起源于大约5000前的青铜文化期。

(一)手镯

1.青铜手镯

青铜手镯在班清文化中出现得最多,形式多样。

(1)素面手镯。班清文化中出土的素面手镯有圆筒状,镯面宽大,呈开口或闭口,还有类似我国早期玉瑗形式的手镯(图5-70)。

图5-70 素面手镯

(2)铃铛手镯。出土的铃铛手镯数量也很多,有些镯面都装饰铃铛,有些镯面装饰一对或两对铃铛,铃铛造型饱满,精致可爱(图5-71)。

图5-71 铃铛手镯

2.骨质手镯

约公元前500年,在班清文化中有骨质手镯的出现(图5-72)。

(二)项饰

1.珠串项链

在公元前11世纪至公元前

图5-72 骨质手镯

6世纪、公元前300年至公元后200年间出现的大量串珠项链,多用兽骨、各种颜色的玻璃、石头、玛瑙等串成装饰感极强的项链,色彩丰富(图5-73)。

图5-73 珠串项链

2.青铜项圈

在公元前300年至公元后200年间出现的青铜项圈,形式简单(图5-74)。

图5-74 青铜项圈

(三)耳饰

大约在公元前11世纪至公元前6世纪出现了一部分耳饰,其形式类似我国早期的耳玦,大多是兽骨和石头、玻璃制造,也有青铜薄片的形式,表面还刻有装饰纹样,这也可能是泰国耳饰的雏形(图5-75)。

图5-75 耳饰

图 5-76 戒指

(四)戒指

在公元前11世纪至公元前6世纪、公元前300年至公元后200年间相继出现青铜戒指,多呈简单戒圈加椭圆形戒面的形式,类似古埃及早期的印章戒指(图5-76)。

二、泰国少数民族首饰

泰国共有30多个民族,泰族为主要民族,占人口总数的40%,其余为老挝族、华族、马来族、高棉族和山地民族。像我国少数民族一样,在偏远的一些民族在还保留着传统的装饰形式,有很强的地域特性。

(一)泰国的阿卡族

阿卡族自缅甸、中国等地移居而来,目前人口有33 500人,占泰国山地部族人口的6%。阿卡族在泰国有另一个称呼,叫作尹戈(Ikaw),但他们不喜欢这种称呼,所以最好还是称他们为阿卡族,与中国云南的哈尼族为同一民族。

阿卡族的头部装饰非常丰富,帽子呈圆锥或筒状,表面饰银泡、银片、银币或银链等装饰,同时在帽子的边缘或上方饰有彩色珠串,直接连接到颈部,可作为项饰,非常华丽,装饰感极强(图5-77)。

(二)泰国的长脖族

在泰国有一个长脖族,这个民族有一个显著特点是以长脖子为美,所以人们在5岁左右就开始在自己的脖子上套铜制作的项圈,20岁时套至20到30圈,约有5kg重。她们不仅在脖子上套,而且还往手及腿上套,有的竟达30个,铜环为实心,铜环表面打磨得很光亮,没有纹路装饰(图5-78)。

长脖族戴圈的仪式十分严肃庄重,先由巫师礼佛念经,然后由银匠

图 5-77 阿卡族头饰

图 5-78 长脖族

用特制的工具慢慢绕上去。项圈一经戴上,便终生不能取下,否则脖颈就会弯折,人会窒息而死。戴上的项圈就这样长期地套在脖子上拉伸脖子,使其增长,成为长脖子。久而久之,妇女的胸腔缩小,脖子变长了,但是当地人却认为这恰恰是一种美的象征和美的装饰。

（三）泰国的长耳族

泰国北部边界山区的村寨里有一个鲜为人知的长耳族,他们的耳朵比一般人的耳朵要长很多。他们用银饰把耳垂弄大,寓意幸福长寿。长耳族女人从小就将耳洞弄得很大,耳洞越大,耳垂越长,表示越幸福长寿,这是她们爱美的体现。

他们的耳饰多为银制品,其形式类似我国佤族、德昂族的耳珰,同时还有一些彩珠作耳部装饰,形体夸张,装饰感极强(图5-79)。

图5-79 长耳族

小测试

1. 在泰国东北部的万昌发现许多古老的遗迹,主要有(　　　)文化和(　　　)文化。

2. 泰国早期的青铜手镯主要有(　　　)和(　　　)两大形式。

3. 泰国早期的珠串项链中多用(　　)、(　　)、(　　)、(　　)等串成,色彩极其丰富。

4. 泰国早期的耳饰形式类似于我国早期的(　　　)。

5. 简述阿卡族的头部装饰。

6. 请分析泰国长脖族和长耳族的装饰意义。

第三节　原始部落民族首饰

一、非洲原始部落民族首饰

非洲的全称为"阿非利加",是拉丁语"阳光灼热"的意思,这一名称在古罗马时代已经开始使用。非洲历史悠久,各地区的发展很不平衡,它是人类的发祥地之一,也是最早进入文明的地区之一。由于非洲幅员辽阔,部落繁多,佩戴首饰都有鲜明的民族特色和地域风格,尤其是地处偏远的一些部落还保留着原始部落的装饰特征,具有极强的艺术性和程式化的表现。

在非洲地处偏远的部落,居民大多衣不蔽体,身上涂满了色彩鲜艳的颜料,脖颈、嘴唇、耳朵、头上的装饰尽显原始风情。

(一) 唇盘族

非洲有一个叫"唇盘族"的部落,这个部落女人的嘴唇和耳朵上都装饰有刻着花纹的大大小小的盘子。她们从年幼时就会在下唇或是耳垂处切开一道口子,然后在切口处嵌上小盘,等到口子撑得大一点时,再换更大的盘子,年龄越长,盘子越换越大。在唇盘族的习

图 5-80　唇盘族

俗里,盘子越大,女孩子就越漂亮,所以唇盘族用的这些盘,有从饮料瓶盖大小的小盘,到 10cm 左右的大盘,盘面是用天然植物颜料涂成的原始花纹。除了嘴唇和耳朵,她们的头部和颈部,也会佩戴具有土著风情的饰物,颜色一般由红、黄、绿这三种"泛非洲色彩"构成(图 5-80)。

(二) HAMER 部落

此部落装饰非常有特色,他们的打扮跟唇盘族完全不一样。部落里每个女人的头发,几乎都像是一根根软软的棕红色麻绳,从头顶向周围分散垂落下来。这种发型是通过把头发一束束用手搓成麻绳状,然后将一种带棕红色颜料的天然植物捣碎,兑上水后,抹在一根根"麻绳"上,最后凝固成型。HAMER 部落的女人都长得十分漂亮,全身除了悬挂于腰间的羊皮或牛皮,脖子上戴着鲜艳的甲壳类珠串外,再也没有其他遮蔽物。

二、美洲印第安民族首饰

"美洲"这个名称16世纪初才出现,因曾是拉丁语系的西班牙、葡萄牙的殖民地而得名。15世纪末叶以前,美洲的居民是印第安人,不同地区的印第安人是各自独立发展的,各部分发展很不平衡,至今在美洲的偏远地区仍保留其传统生活习俗及装饰方式。

印第安人非常喜欢装饰自己,他们把羽毛作为勇敢的象征、荣誉的标志,还经常插在帽子、鼻子上,以向人炫耀,拥有鸟羽象征着勇敢、美貌与财富。此外,根据颜色及佩戴方式,鸟羽也象征不同的社会地位和情感状态。比如在卡希纳华部落,男子会在他所钟情的妇女面前佩戴鸟羽装饰品以表达热切的情感,有效地防止了对方的敌意(图5-81)。

图5-81 印第安人装束

成年男子皆喜欢用各种装饰品饰身,例如在耳朵和嘴唇上系一圆木片,颈上戴羽毛项圈,腰间围上用经过磨制的贝壳串起的腰带,脚腕戴用果壳、鹿蹄和羽毛制作的脚镯,头戴羽毛头饰,背上挂着一条用羽毛编成的彩色带子,额上系着一条缀着玻璃珠、贝壳和羽毛的带子。

此外,通过考古发现在西班牙人到达南美大陆之前的很长一段时间里,当地的印第安人曾崇尚过一种非常奇特的装饰方式——在牙齿上打洞并镶嵌各种类型的宝石。科学家们指出,在距今2500年前,当地的牙医们均掌握着一门非常精湛的牙齿装饰技艺。科学家们认为,在牙齿中镶嵌宝石仅仅是处于装饰目的,并不具有任何宗教目的(图5-82)。

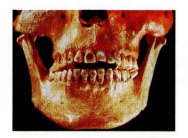

图5-82 牙齿装饰

三、大洋洲土著居民民族首饰

大洋洲各区域的民族善于以多种方式装饰自己的身体,并形成十分独特而极具魅力的艺术风格。这种装饰丰富多彩,各具特色,切实地表现了大洋洲历代居民独特的审美情趣和文化特征。

大洋洲各岛屿的土著居民数千年来过着原始渔猎生活,对周围的环境听其自然而无力加以改造,但对自身大下功夫,以各种方式美化装饰自身,使其具有审美及效用的双重功能。这种对身体的自我美化,可以算是原始人类最普及、最为直接的装饰工艺。根据人物装饰工艺的具体手法和演变发展过程大致可以分为画身、文身、穿唇和穿鼻以及佩饰四大类。

(一) 画身

画身是生活在热带大洋洲人的普遍习俗。人们平时仅在脸颊、肩、胸画上几笔,每遇宴会、舞会、节庆,就要认真用红色、白色、黄色,及油脂、炭粉等以各种抽象曲线图形涂满全身,尤其面部要刻意画出对比强烈的红白图案,以示兴奋和隆重。

其中,红色是所有的原始民族中以及现代民族中最为普遍喜爱的颜色,这是因为:红色最具刺激性;任何肤色的人,血液都是红色的;不论是哪里的朝日夕阳,也都是红色;人类赖以生存的火焰也呈红色。这是最令人感到亲切、温暖和敬佩的色泽。

此外,以黑色皮肤为主的大洋洲人喜爱用白色作为画身的主要颜色,如在赴宴时常用白色在身上画出许多粗细不等的曲线,因为唯有白色才能在黑色肌肤之上给人以最强烈而醒目的印象,映衬出他们那感到自豪的黑皮肤及其形象(图5-83)。

图5-83 大洋洲人画身

黑人喜爱自己的黑肤色和白人喜爱自己的白肤色是一样的。黑人总觉得他们自己不够黑,正像白种人的妇女常觉得自己不够白一样。像那些肌肤白净的人要用粉或白垩来增加白的美趣一样,黑人则用碳和油脂来增加他们黑的魅力。故此推断,他们用白、红、黄也是希望通过对比反衬出黑肌肤的魅力来。

(二) 文身

文身是画身的发展延续,画身虽然美观,却不持久,大洋洲的古老居民希望将他们认为的美好图纹永远背负在身上,这便产生了文身,也就是划伤或刺伤皮肤肌肉,是指留下由伤疤连续组成的不同图案纹样。这让我们联想到我国少数民族中的黎族、高山族中也有文身、文面的习俗。

文身一是作为部落间的区别标号;二是作为身份等级的标记;三是出于图腾崇拜,如希望死后与鬼分离,保持人类的纯洁;四是为了纯粹的美化装饰,这可能是最主要的目的,尤其是想通过这种人体装饰增加对异性的吸引力。

(三) 穿唇和穿鼻

比文身带来更大痛苦的是人体装饰中的穿唇与穿鼻,在上文非洲、美洲民族中也有此装饰,这主要在男子间进行。穿唇,是在下唇的两口角的等距离穿出孔眼,伤愈后要在孔眼内塞上骨片、象牙、贝壳、月形弧线木板。穿鼻,是将鼻孔之间相隔的肌肉软骨穿透,插上弧形木条或骨片,节日时换上鲜艳的羽毛,更是男子们引以为傲的装饰。

这种对身体的破坏装饰,使我们想到泰国的长脖族及我国高山族文面和清末时期的妇女裹脚——三寸金莲,同样对身体造成了破坏。这种装饰除了受封建礼教影响外,也是吸引异性的一种方式(图 5-84)。

图 5-84 穿鼻

(四) 佩饰

大洋洲各地域的佩饰各具特色,譬如对头发的装饰:有的用动物的尾毛做出长长的假发,有的在发丝中打上各类花结,有的用红色土粉涂染头发,有的女性甚至以剃发光头为美(我国少数民族中一些民族的妇女也是如此),有的用袋蕈筋或植物纤维编成带子当头巾围到头上,还有的用各类飞禽的羽毛及兽角、蟹爪等插到头上显示出美或者威武。

另外,颈部的项链是用贝壳、果核、骨片、兽牙、卵石等各类光泽质硬的圆形物串起来,耳环、手镯、脚镯等也用同样的东西串起来。这一切装饰都是围绕着人体自身的美化,达到吸引异性的目的,起到渲染生活、活跃气氛的作用(图 5-85)。

可以看出,这里的人们几乎都是利用木、石、植物纤维、贝、砂等自然材料直接进行工艺美术创作,绝少有人们再造的材料(如金、银、陶、玻璃等)。时至今日,大洋洲的土著居民仍然保留着上述浓厚的原始传统习俗,这些习俗不仅是人类早期装饰工艺文化的高级体现形式之一,也是我们研究古代大洋洲工艺美术和文化发展史的重要依据。

图 5-85 大洋洲人佩饰装饰

小测试

1. 印第安人非常喜欢装饰自己,他们把(　　　)作为勇敢的象征、荣誉的标志。
2. 大洋洲人喜爱用(　　　)色作为画身的主要颜色,也有(　　　)色和(　　　)色。
3. 请简述大洋洲古老居民文身的功能意义。
4. 大洋洲部落居民对身体造成一定伤害的装饰有哪些?
5. 请简述大洋洲部落居民的佩饰材料。

第六章 社会文化发展中的首饰

首饰伴随着人类文明的发展而发展,每个时代都是传统的延续者,同时也是现代的创造者。首饰的佩戴功能使它服务于世世代代的人们,与人们的关系极为密切,同时因其地域的差异,使首饰在不同时代背景下所表现的形式、风格各不相同。而在东西文化交流、民族融合的今天,首饰渐渐成为文化交流的载体,变得综合化、多元化,从而丰富了首饰文化,促使着社会文化的发展。

第一节 首饰的时代性

首饰具有典型的时代特征,它与社会文化共同发展。从原始时代简单的骨石串珠到现今多形式、多材料的精致首饰,这是一段"以一种新形式、新款式、新材料、新观念代替旧形式、旧款式、旧材料、旧观念"完整的首饰发展历史。在首饰发展的历史长河中,每种首饰不断演化和完善,虽经历了不同时代的变迁,但它的发展从未停止过,而且将随着人类的文明继续发展下去。

一、首饰的演化

从史前、古代、近代、现代直到当代,每个时代首饰都具有典型的文化特征,首饰从这个时代进入到另一个时代,在之前的基础上改变、创新并成为具有另一个时代特征的佩戴装饰物,这就是一个演化、蜕变和发展的过程。

(一)笄—簪

笄,最早出现在新石器时代,形式简单,主要作为整理头发的工具,之后固定发髻、帽冠。此外商代的"及笄"女子成年之礼,也与它有关。随着时代的发展、社会的进步,金属材料、宝石材料的被发现利用,笄后来改用金、银、铜等金属制作,针细头粗,强调装饰美化作用,演化为中国古代流行的头饰——簪。之后根据其发饰的需要、人们审美的要求,钗、步摇、大型扁簪等发饰不断出现。

(二)耳玦—耳环

玦是古代从新石器时期流传下来的一种耳饰,是一种有缺口的圆环,多为玉质材料。玦的环体较粗且沉重,长期佩戴玦的耳孔会变大很多。随着后期金属材料的出现,人们审美观念的改变,耳玦的环体渐渐变细,玉质的耳玦由金属的细环代替,玉玦这种大耳饰慢慢地不被人们所接受,于是演变为后期的耳环。随着后期人们的装饰感不断增强,出现了形式多样的耳饰。

(三)耳珰—耳珠

耳珰是一种直接塞入耳孔的饰物,主要流行于中国魏晋以前,直到现今一些少数民族仍有佩戴。由于耳珰插入耳饰孔的部分都比较粗大,致使佩戴它的耳孔变形,这种装饰逐渐不被人们所接受。后来人们把插进耳孔的部分变细、变小,同时也把耳珰的装饰面变得精巧,渐渐演化成后期的耳珠。耳珠插入耳饰孔的部分为纤细的金属针钩,这种形式的耳饰逐渐演化成今天所流行的耳钉。

(四)珠串—项链

其实珠串也称为"项链",现在"项链"一词在一定程度上已成为项饰的统称,但无论在中国还是西方早期项饰都是由简单的石质、骨质、贝壳等串成。当时这些串饰可能是为了方便狩猎或割取食物等而悬挂在脖子上,随着后期金属材料的出现、人们的审美水平不断提高,其渐渐演变成形式多样的项链、吊坠、项圈等。

(五)瑗—手镯

瑗与手镯几乎同时出现,而且都是玉质材料。由于后期金属材质首饰大量出现,金属手镯与瑗相比更适合佩戴,又很快被人们所接受,因此瑗饰一直发展到战国期间才被金手镯所代替,随后又以珠串、手链的形式出现,构成丰富多彩的腕饰。

(六)指环—戒指

在中国古代,"戒指"也称"指环",而我们这里所说的"指环"是指单纯的圆环。关于戒指的由来在中国有这样一种说法:戒指是由操作弓箭时用的扳指演变而来的(上文"中国古代首饰"中有说明)。而在西方有另外一种说法:戒指是由简单的指环演变而成。西方早期佩戴指环是一种权力、地位的象征,多以护身符、印章戒指形式出现。不管是哪种说法,戒指的由来都是从一个简单的"环"演变而来,经过后期的发展,成为今天人们所佩戴的形式各异的戒指。

(七)长别针—胸针

长别针主要出现于西欧早期大约公元前13世纪左右。它的形状像中国古代的发簪，一头粗且有装饰图案，另外一头成针状，主要用来固定衣服。随着金工工艺的发展，铸造、扭拧和打制金属丝等工艺激发了人们的想象力，人们把长别针的形体缩短，加上安全的搭扣，发展成为后期的胸针。

在西欧早期，胸针常用来固定一种被作为斗篷的外衣搭扣，到中世纪时期，流行一种环状胸针。文艺复兴时期，胸针的佩戴不再流行，直到 18 世纪、19 世纪胸针又出现在首饰装饰行列中，但胸针的装饰功能远大于使用功能，至今胸针的佩戴主要是一种美化装饰或者某种标志。

二、各时代流行的首饰

受每个时代文化影响以及人们审美观念的转变，致使某种首饰在某个时代十分流行，但随着时代的变迁，这种流行首饰又被另外一种首饰所代替。这种首饰流行性不断地轮回，是首饰发展的正常趋势，也是时代变迁、社会进步的必然结果。

（一）中国各时代流行首饰

中国古代受封建礼教、各朝代梳妆影响，主要流行簪钗、步摇、花钿等头饰，串珠、项圈等项饰，手镯等臂饰，玉佩等佩饰。

中国清末至民国时期社会变革，人们的生活动乱，主要流行各种扁方、简单的银耳环，以及形式各异的玉手镯和银手镯等。

中国建国至今，尤其是改革开放以来，受国外首饰的影响，开始流行佩戴项链、戒指、耳钉、耳环、耳坠等首饰，但深受传统文化的影响，玉石饰品、纯金饰品在中国相当流行。中国进入 21 世纪后，K 金饰品、铂金饰品、钻石饰品也深受人们的喜爱。

（二）国外各时代流行首饰

外国上古时代也就是古西亚、古埃及、古希腊罗马时代，主要流行以各种串珠、纯金饰品为主的首饰，多带有神秘巫术色彩。外国中古时代即欧洲中世纪时期，主要流行珐琅、镶嵌各种宝石的胸针、戒指等饰品，也就是文艺复兴时期流行珐琅饰品。

外国近代时期是外国首饰的发展过渡时期，无论是宝石琢型还是首饰制作、设计等领域都有突破的发展。在这个时期，很多现今国际知名的首饰品牌大量出现，并运用精湛的工艺技术制作出形式多样的首饰。这一时期主要流行运用钻石、祖母绿、红蓝宝石等贵重宝石以及珐琅彩绘，与铂金、黄金相结合。

外国现当代首饰主要指装饰艺术时期至今的首饰，这一阶段是首饰结合各种风格、运用多种材质尝试的实践时期。到 20 世纪 20—30 年代，外国首饰的发展已具有一定规模，很多首饰设计师、制作师开始寻找另外一种表达自己创作风格、情感的首饰载体,创作出大量的突破传统的立体结构首饰,同时开发出多种首饰制作材料,结合社会科学技术制作突破传统的多功能趣味首饰。此外,传统形式的首饰已满足不了消费者的审美需要,他们开始寻找适合自己风格气质的首饰款式、首饰材料,从而也促进了国外首饰行业的不断创新。总而言之,这个阶段流行新材料、新形式、新技术结合的独特气质的首饰。

第二节 首饰的地域性

每个地域的风土人情、文化背景各不相同,而每个地域的文化在一定程度上又影响着当地的人体装饰。从地域的区分,大到洲与洲之间、国与国之间,小到民族与民族之间、民族中支系与支系之间,每个地域的首饰无论是在其形式、材质及佩戴功能等方面都有很大的差异。由此可见,首饰在具有时代性的同时也具有典型的地域性。

全球七大洲四大洋每处都有人类历史的足迹,每个地域都有各自的首饰文化特征,以下主要介绍中国与西方国家的早期首饰在形式及材料等的对比,进而更深一层次地了解国内、国外的首饰文化特征。

一、中西方早期首饰的形式差异

中国与西方首饰主要首饰种类都有头饰、耳饰、项饰、臂饰、手饰、胸饰、佩饰等,但其首饰形式有一定的差异。

(一)中西方早期头饰

头饰主要分发饰与面饰。

1. 中国早期头饰

中国早期人们注重头部的装饰,每个时期的发型、装束都有所不同,因此发饰的形式多种多样,主要有笄、簪、钗、步摇、钿、假髻、梳、篦、发卡等。簪、钗是从中国古代直到民国时期都最常见的头饰,至今在少数民族的头饰中仍可见到。梳、篦的使用以实用功能渐渐代替其装饰的功能,已成为现今人们生活当中不可缺少的日用品。发卡早期的形式主要出现在我国清末、民国时期,到现在已演变成多种固定头发的流行发饰。

中国早期的面饰主要有花黄、美人贴、文面等,尤其是在中国唐代非常流行,而文面主要是从中国偏远的少数民族(黎族、高山族等)中流传下来的习俗(上文有介绍)。

2. 西方早期头饰

与中国早期头饰相比，西方的早期头饰形式就相对少些，多以冠帽结合，主要有王冠的形式。由于西方各国受宗教思想的影响，所以在王冠上通常都有类似十字架对称的图案。此外在文艺复兴时期，女子大多把头发束起并配上长串的珍珠、鲜花等装饰。

西方面饰主要有鼻钉、鼻环、唇环等，大多出现在一些土著居民，如大洋洲的土著居民中。

(二)中西方早期项饰

1.中国早期项饰

中国早期项饰主要有串饰、项圈、璎珞、朝珠等，主要以串珠样式出现，直到明清以后才出现大量的金属链条制品。此外，项圈、长命锁在中国也很流行，尤其是在清朝时期，不仅装饰身体，最重要的是作为辟邪护身的一种项饰。

2.西方早期项饰

西方早期项饰要比中国早期项饰丰富，在西方上古时期的古埃及、古西亚、古希腊罗马时期不管在项饰的材质还是形式上都非常丰富。自欧洲中世纪之后，西方首饰发展迅猛，欧洲人摆脱宗教思想的束缚，使大量金属项链、宝石项链开始流行，而且一直延续至今。

(三)中西方早期臂饰

1.中国早期臂饰

中国早期臂饰主要有瑷、手镯、臂钏等，无论在中国民间还是在偏远的少数民族地区臂饰的佩戴都非常流行，以金质、银质、玉质手镯为主，后期又出现手链，它与手镯都是目前较流行的臂饰。如今手镯仍是人们的常见装饰物，玉石、玛瑙、银质、金质等手镯形式多样。

2.西方早期臂饰

与中国早期臂饰相比，西方臂饰也很早就成为人们腕部的装饰，尤其在上古时期的手镯，形式非常夸张，色彩丰富，有很强的装饰性。但到中世纪、文艺复兴时期手镯成为人们辅助装饰，主要有手镯、手链等形式。

(四)中西方早期手饰

1.中国早期手饰

中国早期手饰主要有扳指、戒指、护指(指甲套)等。中国古代男子喜爱佩戴扳指，女子佩戴戒指，但与当时女子佩戴簪、钗等头饰相比要逊色得多。西方没有护指,而在中国清朝甚为流行。随着社会的发展、西方文化的渗透,戒指流于民间,成为大众化饰品,直到今日戒指就像耳环、项链一样也成为首饰的主角。

2. 西方早期手饰

西方早期手饰主要是戒指,戒指在古埃及时期就已作为身份地位的象征而出现,在古罗马时期戒指已成为订婚和结婚的标志,并一直流行至今。

(五)中西方早期胸饰

1. 中国早期胸饰

中国古代装饰主要集中在头部、手部和腰部,可能是由于衣服的华丽,胸饰很少有,直到清末、民国时期随着西方文化的浸入,出现了领约、别针、胸花、胸针等胸饰,并慢慢流行,至今胸针已成为不可缺少的首饰。

2. 西方早期胸饰

西方胸饰的发展较早,胸针在西方一直都很流行。欧洲早期,胸针除了固定衣物之外,还作为身份地位的象征物。到欧洲中世纪时期,胸针、胸扣、胸花几乎成了人们日常生活中的必须装饰品。

(六)中西方早期腰饰

1. 中国早期腰饰

中国古代重视腰部的装饰,主要有腰坠、玉佩、带钩,至今只有一些少数民族对腰部进行装饰,例如花腰傣族用银泡来装饰腰部。而目前流行不同风格、不同款式的腰带,也可以看作是对腰部的装饰。

2. 西方早期腰饰

西方的腰饰相对于中国腰饰的形式显得较少,主要有带扣等形式。在罗马-拜占庭时代和中世纪时期,腰饰主要用于佩剑、刀或固定衣服等其他装束。目前,西方无论男女都逐渐开始重视对腰部的装饰,各种款式的腰带、各种金属串饰等出现在时尚女性的腰围部。

二、中西方早期首饰的材料差异

(一)中西方早期的宝石材料

宝石在首饰材料中占重要的地位,首饰没有了宝石,就没有了色彩。由于中国与西方各国地域文化不同,人们对宝石的偏好也不同。

1. 玉石

我们的祖先原始人就对玉石有了崇拜,在中国新石器时代就已经出现了玉饰品,大量的玉石被用于头饰、臂饰等。直到春秋时期,各种玉质首饰受到高度的重视。儒家认为,"玉有五德"。统治阶级都有佩玉,玉佩是贵族王孙和百官们的随身饰品。

在西方国家,玉质首饰很少受欢迎,但随着玉石文化渐渐地从东方传入西方,目前国外一些首饰设计师开始选用玉石材料融合到自己的现代设计中,常常表现出具有东方韵味的首饰风格。

2. 青金石

青金石,我们并不陌生,古时也称"天青石"。据历史文献记载早在公元前6000年左右青金石就被古西亚开发、利用,上文中记载它在古西亚、古埃及非常流行。在当时,青金石被视为名贵宝石,不仅具有诱人的深蓝色调,还具有闪金光的黄铁矿星点,色彩和谐而美观,深得人们的宠爱。

青金石在中国古代叫"金精"、"金星"、"蓝赤"等,是古代中西方文化交流的见证。青金石大约在公元2世纪(汉朝)传入中国,在中国古代因其"色相如天",很受帝王器重,所以在古代多用来制作皇帝的葬器,而用于首饰装饰相对少些。

3. 玳瑁

玳瑁的背甲属于一种有机宝石,简称"玳瑁",呈轻微透明至半透明,具有蜡质至油脂的光泽。它在中国古代装饰中甚为流行,从新石器时期起就用于梳、笄、指环的制作。到汉、唐盛世时,玳瑁成为身份的象征,不仅用于人体装饰,还常常用于男子配剑、古筝琵琶的拨子以及女子的随身佩饰中。

在西方,玳瑁被古希腊和古罗马人用于制作梳子、刷子和戒指等首饰的同时,还镶嵌在家具和各种器物上。

4. 钻石

戴比尔斯的广告语"钻石恒久远,一颗永流传",现今人人皆知。在古代,由于地域文化的差异,中国与西方对钻石饰品有不同的看法。

西方人喜欢透明、通透的宝石,据记载亚历山大东征印度时带回了钻石。大约在古罗马时期钻石就已开始运用到首饰中,当时的钻石未被切割就直接镶嵌在饰品上。到17世纪,钻石的琢型不断改善,成为"宝石之王",深受西方人们的喜爱。据文献记载在中国魏晋南北朝时期,出现了一枚黄金镶钻戒指,这大概是由西方传入,之后钻石几乎没有在中国古代饰品中出现,直到明清之际。但随着改革开放所带来的东西方文化的交流,钻石就像铂金一样已渐渐地被中国人接受,并在中国很快地流行起来。

国际知名首饰品牌戴比尔斯被誉为世界最大的钻石商,卡地亚、蒂芙尼、梵克·雅宝等珠宝世家流传于世的珠宝珍品中,所用的罕世美钻都可能来自戴比尔斯。还有国际知名珠宝品牌"钻石之王"——哈瑞·温斯顿的产品也主要以钻石为主要材料。

5. 珍珠

据各种文献记载,中国是利用珍珠最早的国家之一,可以追溯到 4000 多年前。但出土文物表明,珍珠约在中国秦汉时期开始出现在头饰、耳饰、项饰等饰品上,从古至今一直很受欢迎。在西方大约公元 1 世纪至公元 2 世纪,珍珠出现在首饰中,直到文艺复兴时期珍珠饰品开始流行。

国际知名珍珠品牌御木本,其创始人被誉为"珍珠之王",主要经营珍珠和珍珠饰品等,同时开发研制并培育人工养殖珍珠。

6. 人造宝石材料

古埃及人是制作人造宝石的鼻祖,他们运用釉彩和彩色玻璃来代替宝石。在西方,大约 17 世纪中期已经有了制造人造宝石的行业,到了 18 世纪,人造宝石有了合法的交易市场,成了一种新的材料艺术形式。而在中国早期饰品中,人造宝石主要以釉料的形式出现。

国际知名水晶品牌施华洛世奇,创造神话的仿水晶王国,它的水晶被运用在各个领域。

7. 典型具有宝石效果的两种工艺

在中国与西方早期首饰中有两种具有宝石效应的工艺:一是"点翠"工艺,二是珐琅工艺。"点翠"工艺始于秦汉时期,到清朝末年逐步被珐琅工艺所代替,仿佛见证了我国古代史。这种工艺装饰感很强,多用于古代发饰。最早在西方国家,珐琅工艺就用于首饰装饰中。珐琅工艺早在古埃及时期就用"彩釉"作装饰,西欧凯尔特时期流行用珐琅装饰首饰,此后珐琅工艺在欧洲的中世纪、文艺复兴及之后新文化艺术时期的首饰中更为普遍。

到现代社会,珐琅工艺又渐渐地运用到首饰制作中,丰富了首饰的色彩。奥地利著名饰品品牌 Frey Wille(斯芬克斯)是世界上唯一一家精于艺术设计的珐琅饰品制造商。还有德国拥有百年历史的著名珠宝品牌 Wellendorff 也善于将珐琅工艺运用于首饰制作中。

此外,东西方早期的宝石种类还有很多,其中绿松石、珊瑚、玛瑙、红玉髓、象牙、红蓝宝石、石榴石等天然宝石在中国古代及西方早期都非常受欢迎。

(二)中西方早期金属材料

1. 黄金

黄金被誉为"太阳的象征",是人们历来追求的财富之一。因为黄金的颜色及稳定的化学性质等，使得它无论在东方还是西方国家都是人们所追捧的对象。苏美尔人最早使用黄金并用于首饰制作，之后传到古埃及、古希腊、古罗马等各个国家，一直延续到现在。

在中国商代人们开始使用黄金并用于制作首饰，之后也渐渐地成为流通的货币。大量的黄金饰品出土表明，黄金在中国古代多用于宫廷、贵族的首饰制作。黄金饰品具有传统、含蓄的特点，通常作为结婚礼品，现今在中国北方订婚习俗中必有金项链、金耳环、金戒指（俗称"三金"）等黄金饰品，而在中国南方龙凤金手镯、金项链、金戒指也成为姑娘婚嫁必不可少的金饰品。目前国内知名品牌周大福、周生生、老凤祥等珠宝公司主要从事黄金饰品业务，其产品深受人们的喜爱。

由于受不同地域文化的影响，在现在的西方，纯金首饰已不再像早期那样普及。随着社会的发展，他们不再注重黄金的成色以及所代表的财富地位，而是开始注重首饰的款式及色彩的搭配。在2004年，意大利推出"K-gold黄金系列首饰"，从此K-gold成为全世界年轻人热爱的饰品，成为时尚的代名词。

2. 白银

白银被誉为"月亮的代表"。白银被发现及被使用比黄金稍微晚些，相对于黄金廉价很多，但无论在西方还是东方同样受人们的欢迎。

在中国对白银有这样的评价："它价格不高，却具有首饰传统的气质；它虽不及金之贵重沉稳，却能遍及大街小巷，亲和之力其他珠宝无可比拟。"尤其是在清末民国时期，银饰大量普及，几乎每个百姓家里都有两件以上的银饰品。同样无论是在中国少数民族的早期还是现在，银饰几乎成为少数民族首饰的独有材质。

而在西方早期首饰中也有大量的银饰出土，目前白银饰品依旧很受人们的喜爱。国际知名品牌蒂芙尼及芙丽芙丽的银饰系列，以及专门从事银饰及银器制作的国际知名品牌乔治·杰生，都为我们创造了精美、时尚、个性的银饰品。

3. 铂金

与黄金、白银相比，铂金发现并运用的历史较短，但凭借它的稀少、颜色及优良的化学性质，很快跃身为"贵金属之王"。铂金用于首饰制作最早在西方，大约在20世纪20—30年代铂金饰品开始流行，直到现今仍受人欢迎，无论是国际知名奢侈珠宝品牌卡地亚、梵克·雅宝、哈瑞·温斯顿、宝诗龙等，还是首饰作坊，都陈列着高档的铂金饰品。

中国古代几乎很少见到铂金饰品，直至20世纪末大量的铂金饰品出现在中国首饰市场，才渐渐地被人们所接受。到目前为止中国已成为铂金第一销售大国。

4. 黄铜·青铜

黄铜·青铜在东西方的早期常用于首饰制作，尤其是青铜制品更是常见。黄铜无论在西方还是中国，一直以来都是被认为仿黄金的最佳材料。中国古代常常出现黄铜饰品（簪、钗、手镯等），到清末、民国时期，多在平民家庭中出现铜饰品。而在西方17世纪、18世纪时期，黄铜被大量地运用到首饰制作中，为我们现在留下了种类丰富、装饰感极强的古董饰品。

（三）其他材料

在中西方古代装饰中除了运用宝石及金属材料之外，还运用大量的非传统首饰材料，例如鲜花、各种布料绸缎等。据史料记载无论在中国还是西方的早期鲜花装饰都被用于过发部，甚至成为某个时代的流行装饰，例如在我国宋朝用鲜花装饰头部非常流行。此外，在西方的文艺复兴时期及18世纪至19世纪，鲜花常常被制作成花冠或点缀头部。

第三节 首饰的风格化

首饰具有一定的时代性、地域性。因各地域首饰受时代文化的影响，经过时间的沉淀，使首饰在某个时期或某个地域带有综合性的相同特点，从而形成一定的首饰艺术风格。

一、时代风格

时代风格指随着时间的流逝，在历史某个时代的各种艺术风貌、特征的综合呈现。因首饰的发展深受时代文化的影响，其首饰的艺术特征与当时的建筑、绘画、雕塑、音乐等其他形式的艺术特征不谋而合。

古希腊时期及之后文艺复兴时期的首饰就带有古典主义风格：其首饰形式工整、对称形体较多；做工严谨，多运用浮雕、珐琅、累丝、累珠工艺；多以神话、圣经和历史事迹为题材。

17世纪的建筑、雕塑、绘画等艺术深受巴洛克风格的影响。这种风格追求以鲜明饱满的色彩和扭曲的曲线，追求华丽、夸张、怪诞和壮丽的表面效果。在当时，人们的装饰中也追求华丽、夸张的效果，大量的丝制品取代了文艺复兴晚期的紧身衣和正式场合出现的首饰，传统首饰在这个时期受巴洛克风格的影响不是很明显。

18世纪首饰深受洛可可风格的影响。这种风格呈一种非对称的、富有动感的、自由奔放而又纤细、轻巧、华丽繁复的装饰样式。当时的首饰设计元素多从自然界吸取灵感，把动植物某些生长的规律和外在形态的某些特点用弯曲的金属、多彩的宝石及珐琅釉彩表达得淋漓尽致。

19世纪的首饰深受新古典主义风格、浪漫主义风格以及维多利亚艺术风格的影响。新古典主义风格的首饰多从风格与题材上模仿古希腊、古罗马时期的首饰。具有浪漫主义艺术风格的首饰偏重于设计师自己的想象和创造,创作题材取自现实生活,首饰形体豪放、富有运动感。

后期的新艺术主义风格、装饰艺术风格、现代主义风格、后现代主义风格也影响每个时期的首饰艺术,在上文有详细介绍,在这里就不再一一说明。

二、地域风格

地域风格因长期受本土文化的影响,进而形成了一种具有本土特征、形式固定的艺术风格。

(一)游牧风格首饰

游牧风格因受当地环境、习俗、装束、人们审美观念的影响,使其首饰设计元素、设计风格呈现具有游牧特征的固定艺术风格。其首饰材质多运用与草原相反或相近的颜色,例如红珊瑚、绿松石等,形式不拘一格,具有豪放之气,如我国的蒙古族、维吾尔族等。

(二)波西米亚风格首饰

波西米亚原意指豪放的吉卜赛人和颓废派的文化人。而波西米亚风格是指一种保留着某种游牧民族特色的服装风格,由此这种风格的饰物装饰也成为一种固定的模式:佩戴的首饰多样、款式夸张,材料多样,以皮绳、合金材料、做旧银材质、天然或染色石头、中低档宝石为主。波西米亚风格装饰可以说是一种繁琐的披挂,身体上任何能披挂首饰的部位,如手腕、脚踝、颈前、腰间,还有耳朵、指尖都佩戴多串饰物,直到走起路来叮叮作响。

(三)民族风格首饰

民族风格是指在固定的民族、部落等具有共同的文化习俗、生活习惯、服饰装束的团体或家族中长期形成的共同艺术风貌及特征。例如:中国的苗族首饰、藏族首饰已成为苗饰风格、藏饰风格;美洲的印第安人、大洋洲的土著居民善于以多种方式装饰自己的身体,运用羽毛、木、骨、石、植物纤维、贝、砂等自然材料,经过简单的打磨直接佩挂,透露着浓厚的原始传统气息,并形成十分独特而极具魅力的土著族装饰艺术风格。

三、个人艺术风格

个人艺术风格是艺术家、设计师、制作师经过长期创作实践而形成的一种独特的个人艺术风格。这种风格可能是多种艺术风格的结合,也可能是新的艺术风格再创,无论是何种艺术形式,都体现了艺术家的独特艺术风貌。

对首饰创作这一行业来说,国内外已出现了很多优秀首饰设计师,创造了大量具有独特艺术风格的首饰作品。其中有些首饰设计师创立个人品牌、工作室,还有些设计师加入国际知名首饰品牌的设计行列,可以说他们引领着首饰的发展前进,掌握着首饰发展的趋势。国外的著名设计师有珍妮·杜桑、吉恩·施伦伯格、让·史隆伯杰、帕罗玛·毕加索、劳伦兹·鲍默、佛杜拉、Kevin Friedman、考林·威利特、彼德·施库比克等人。国内著名设计师有陈世英、赵心绮、胡茵菲、刘斐、翁狄森、林莎莎、万宝宝、高源等人。

时代风格、地域风格已形成固定的风格模式,被当今的首饰艺术家借鉴、综合、再创。而由于现在越来越多的首饰业内人员开始了自己的制定创作,具有个人艺术风格的首饰将会越来越多。估计几十年过后回首现在,"具有个人艺术的风格"将会成为当今时代的首饰艺术风格。

随着科技的发展、民族的熔融,首饰似乎没有了国界,没有了地域因素的限制,各国的首饰设计师借鉴各个地域的设计元素、设计风格等,做到了中国与西方、民族与民族、传统与现代的相互结合,促成了一种价值更新的现代首饰文化空间。

阅读资料一

1. 艺术风格

艺术风格是艺术家鲜明独特与创作个性的体现，统一于艺术作品的内容与形式、思想与艺术之中，在实践中形成相对稳定的艺术风貌、特色、作风、格调和气派。

2. 英国手工艺运动

英国"手工艺运动"通常被看作是"新艺术运动"的先导，它起源于19世纪下半叶英国的一场设计运动。1851年英国举办的第一次博览会展示了工业革命的成果，同时也让一些先觉的知识分子发现，工业化批量生产致使家具、室内产品、建筑的设计水准明显下降。相对于手工制作，这些机器生产的产品似乎失去了灵魂和精神而变得粗制滥造和千篇一律，于是他们其中一些人开始梦想改变这种令人沮丧的状况。这场运动激励了许多人思考工业革命带来的负面影响，从而寻求更佳的解决方案，因此掀起了此后的"新艺术运动"的思潮。

3. 新古典主义

新古典主义艺术风格兴起于18世纪中期的法国绘画界，19世纪出现在欧洲的建筑装饰界，以及与之密切相关的家具设计界。其精神是针对巴洛克风格和洛可可风格所进行的一种强烈的反叛，它主要是力求恢复古希腊、古罗马所强烈追求的"庄重与宁静感"的题材与形式，并融入理性主义美学，强调自然、淡雅、节制的艺术风格。它不同于16世纪、17世纪盛行的古典主义。它排挤了抽象的、脱离现实的绝对美的概念和贫乏的、缺乏血肉的艺术形象。它以古代美为典范，从现实生活中吸取营养，尊重自然、追求真实，其对古代景物的偏爱，表现出对古代文明的向往和怀旧感。

4. 自然主义

所谓自然主义，是指审美经验中对人与自然天然亲和关系的体认。非经审美形式变形、逼真的模仿和镜子式的再现对自然的崇尚可称为"自然主义"。在道家看来，自然的就是最好的、最合理的、最有价值的。根据这样的主张，人类的一切行为都应该遵循自然主义的原则，尽可能地提高自然的程度。

5. 浪漫主义

浪漫主义属于唯心主义，起源于中世纪法语中的"romance"（意思是"传奇"或"小说"），"罗曼蒂克"一词也由此音译而来。19世纪初叶，资产阶级民主革命时期兴起于法国画坛的一个艺术流派。这一画派摆脱了当时学院派和古典主义的羁绊,偏重于发挥艺术家自己的想象和创造,创作题材取自现实生活,画面色彩热烈,笔触奔放,富有运动感。

6. 写实主义

写实主义也称"现实主义",一般被定义为关于现实和实际而排斥理想主义。写实主义起源于法国,中心也在法国,后波及欧洲各国。反对僵化的新古典主义,反对追求抽象理想的浪漫主义,坚持表现当代生活,往往以社会底层人物为作品的主人公并满怀同情地描绘他们的处境,以揭示资本主义社会的不合理性。

7. 象征主义

象征主义是19世纪末在法国及西方几个国家出现的一种艺术思潮。象征派主张强调主观、个性,以心灵的想象创造某种带有暗示和象征性的神奇画面。他们不再把一时所见真实地表现出来,而通过特定形象的综合来表达自己的观念和内在的精神世界,在形式上则追求华丽堆砌和装饰的效果。象征主义不追求单纯的明朗,也不故意追求晦涩,它所追求的是半明半暗、明暗配合、扑朔迷离。

8. 立体主义

立体主义是西方现代艺术史上的一个运动和流派,又译为立方主义,1908年始于法国。立体主义的艺术家追求碎裂、解析、重新组合的形式,形成分离的画面——以许多组合的碎片型态为艺术家们所要展现的目标。艺术家从许多的角度来描写对象物,将其置于同一个画面之中,以此来表达对象物最为完整的形象。物体的各个角度交错叠放造成了许多的垂直与平行的线条角度,散乱的阴影使立体主义的画面没有传统西方绘画的透视法造成的三维空间错觉。背景与画面的主题交互穿插,让立体主义的画面创造出一个二维空间的绘画特色。

9. 构成主义

构成主义又名"结构主义",发展于19世纪20年代。构成主义是指由一块块金属、玻璃、木块、纸板或塑料组构结合成的雕塑。强调的是空间中的势(movement),而不是传统雕塑着重的体积量感。构成主义接受了立体派的拼裱和浮雕技法,由传统雕塑的加和减,变成组构和结合;同时也吸收了绝对主义的几何抽象理念,甚至运用到悬挂物和浮雕构成物,对现代雕塑有决定性影响。

10. 抽象表现主义

抽象表现主义又称"抽象主义",或"抽象派",是二战后直到20世纪60年代早期的一种绘画流派。抽象派最重要的前身通常是超现实主义,超现实主义强调无意识、自发性、随机创作等概念。抽象派之所以能自成一派,原因在于它表达了艺术的情感强度,还有自我表征等特性。它是第一个由美国兴起的艺术运动。抽象派的画作往往具有反叛的、无秩序的、超脱与虚无的特异感觉。抽象绘画的发展趋势，大致可分为：①几何抽象（或称冷的抽象），这是以塞尚的理论为出发点，经立体主义、构成主义、新造型主义等发展而来，其特色为带有几何学的倾向，这个画派以蒙德里安为代表；②抒情抽象（或称热的抽象），这是以高度的艺术理念为出发点，经野兽派、表现主义发展而来，带有浪漫的倾向，这个画派以康丁斯基为代表。

11. 解构主义

解构主义指一个从 20 世纪 80 年代晚期开始的后现代建筑思潮，它的特点是把整体破碎化（解构）。主要想法是对外观的处理，通过非线性或非欧几里得几何的设计，来形成建筑元素之间关系的变形与移位，譬如楼层和墙壁，或者结构和外廓。大厦完成后的视觉外观产生的各种解构"样式"以刺激性的不可预测性和可控的混乱为特征，是后现代主义的表现之一。

12. 后现代主义

后现代主义是对现代主义的挑战，在解构主义游戏规则的同时，后现代主义对现代主义观念开始重新选择评估，使现代主义的部分因素在新的历史条件下重新发展。一方面，后现代主义提出了新时期艺术形态的新观点。另一方面，后现代主义将现代主义建构起的原型改变并夸张，甚至完全抛弃了原有的内容，这种无所顾忌的表达个性的方式变成了冷酷的无个性，实际上是现代主义的某些片面的极端发展。

13. 波普风格

波普风格又称"流行风格"，它代表着 20 世纪 60 年代工业设计追求形式上的异化及娱乐化的表现主义倾向。从设计上来说，波普风格并不是一种单纯的一致性的风格，而是多种风格的混杂。它追求大众化的、通俗的趣味，反对现代主义自命不凡的清高。波普风格在设计中强调新奇与奇特，并大胆采用艳俗的色彩，给人眼前一亮、耳目一新的感觉。波普风格的宗旨是追求新颖、追求古怪、追求稀奇。波普设计风格的特征变化无常，难以确定统一的风格，可以说是形形色色、各种各样的折中主义的特点。它被认为是一个形式主义的设计风格。

14. 观念艺术

观念艺术，兴起于 20 世纪 60 年代中期的西方美术流派。观念艺术不排除传统艺术的造成型性，认为真正的艺术作品并不是由艺术家创造成的物质形态，而是作者的概念（concept）或观念（idea）的组合。当一件物质形态的艺术品呈现于观众面前时，观众所获得的信息并不比某一事物的概念或某一事物的意义在时空中更强烈。因此，照片、教科书、地图、图表、录音带、录像乃至艺术家的身体都被用作观念艺术的传达媒介，主要在于表现观念形成、发展及变异的过程。观念艺术的美学追求主要表现在两个方面:其一,记录艺术形象由构思转化成因式的过程,让观众把握艺术家的思维轨迹;其二,通过声、像或实物强迫观众改变欣赏习惯,参与艺术创作活动。

阅读资料二

1. 卡地亚(Cartier)——皇帝的珠宝商　珠宝商的皇帝

创始人:路易斯·佛朗索瓦·卡地亚

成立年份:1847 年

注册地:法国巴黎

品牌标志:1847 年,路易斯·佛朗索瓦·卡地亚用名字缩写字母"L"和"C"组成的菱形标志注册了自己的商标,卡地亚由此诞生,大写字母从此也成为卡地亚的标志。卡地亚品牌诞生 150 周年时,椭圆双"C"标志作为特别的贺礼出现,和字母"C"一起,诉说着名家风采,而经典的三环设计和猎豹也是卡地亚的代表特征之一,是卡地亚珠宝中经常出现的主题。

设计风格:精致、优雅、奢华,时代特色结合传统工艺神韵是卡地亚高级珠宝系列一直追求的最高境界。在流畅的线条、明澄的色彩中,卡地亚演绎着美的真谛——美在于简单而不在于繁复、在于和谐而不在于冲突。

2. 宝格丽(Bvlgari)——与奥斯卡交相辉映

创始人:索帝里欧·宝格丽

成立年份:1884 年

注册地:意大利罗马

品牌标志:"Bvlgari"双 Logo 标志的设计运用;多种彩色宝石搭配镶嵌的艺术设计风格;使用古希腊及古罗马钱币图案作为装饰图案。

设计风格:大胆独特,尊重古典。宝格丽均衡地融合了古典与现代特色,突破传统学院派设计的严谨规条,以希腊式的典雅、意大利的文艺复兴及 19 世纪的冶金艺术为灵感,创作出宝格丽的独特风格——设计简洁流利,宝石镶嵌和切割巧妙,注重色彩运用,着力展现艺术与结构的细节,最具有特色的是多种颜色的宝石搭配镶嵌艺术将现代女性的优雅浪漫表露无遗。

3. 蒂芙尼(Tiffany&Co)——承载爱与梦想

创始人:查尔斯·刘易斯·蒂芙尼

成立年份:1837 年

注册地:美国纽约

品牌标志:刻在珠宝首饰上的"Tiffany&Co"字样;"1837"精品系列;束以白色缎带的蒂芙尼蓝色首饰盒。

设计风格:蒂芙尼的设计能够随意从自然界万物中撷取灵感,撇下繁琐和矫揉造作,只求简洁明朗,而且每件杰作都反映着美国人与生俱来的直率、乐观和机智,这种精美的格调带动着美国乃至全世界的潮流风标。

4. 梵克雅宝(Van Cleef & Arpels)——见证永恒之爱情

创始人:艾斯特尔·雅宝(Esteiie Arpels)和阿尔佛莱德·梵克(Alfred Van Cleef)

成立年份:1906年

注册地:法国巴黎

品牌标志:简单而优美的"Van Cleef&Arpels"字母Logo;由品牌名的简写字母"V"、"C"、"A"结合巴黎地标建筑图案设计而成的菱形标志;"隐秘式镶嵌法"、经典的幸运草系列及巴黎地标建筑设计元素。

设计风格:梵克雅宝作品坚持采用最为顶级的宝石和材质,加以傲然于世的镶嵌技艺、匠心独具的创新理念,以及立志永恒经典的创作精神,成就了梵克雅宝经典不朽的百年传奇。其中,大自然、多功能设计、舞者与精灵、装饰艺术以及高级订制服装是梵克雅宝珠宝创作中最具代表性的五大元素。

5. 绰美(CHAUMET)——拿破仑御用珠宝

一提到法国珠宝品牌绰美,大多数欧洲人都会直接联想到华丽的皇冠。曾为拿破仑皇帝御用珠宝商的它,制造了无数流传后世的璀璨珠宝精品,自诞生以来打造了超过1500种的各式冠冕。

创始人:马瑞·艾缇安·尼铎

成立年份:1780年

注册地:法国巴黎

品牌标志:各式各样的皇冠头饰。

设计风格:绰美早期主要是为法国皇室设计璀璨精致的珠宝首饰,她各项艺术精品皆完美地呼应了拿破仑式华丽高贵的时代风格。近代作品提倡把历史带入生活中,以自然主义的设计风格,运用传统切割工艺,让作品呈现出低调美感。

6. 御木本(MIKIMOTO)——珍珠之王,优雅典范

创始人:御木本幸吉(Kokichi Mikimoto)

成立年份:1893年

注册地:日本

品牌标志：醒目的大写"M"字母,珍珠是它唯一的点缀。

设计风格：珍珠始终是御木本珠宝的核心和灵魂,永远把对品质的追求放在第一位,在技术和设计之间轻盈起舞,达到了纯粹而原始的美丽。御木本的现代设计师热衷于用珍珠和钻石、黄金、白金还有彩色宝石进行完美的搭配。

7. 宝诗龙(Boucheron)——法兰西奢侈珠宝的代表

创始人：费得列克·宝诗龙(Frederic Boucheron)

成立年份：1858年

注册地：法国巴黎

品牌标志：简洁的大写字母"BOUCHERON";出于设计中对蓝宝石的偏爱,可以说蓝色是宝诗龙的标志性色彩;蛇、羽毛、花朵等表现形态也是宝诗龙珠宝容易让世人识别的标识。

设计风格：宝诗龙因完美的切割技术和优质的宝石质量闻名于世,著名的多层次镶嵌方式,精细到完全看不到镶嵌底座,不论采用多少的宝石缀饰,耳环、项链、手链皆能自由轻盈的如关节般的随兴流动。制作工艺精湛,作品既奢华又富有艺术内涵,设计灵感来自各时段的艺术风格。

8. 哈瑞·温斯顿(Harry Winston)——满足女人奢华梦想

创始人：哈瑞·温斯顿 Harry Winston

成立年份：1920年

注册地：美国纽约

品牌标志：大些字母"HW"经常出现在哈瑞·温斯顿的各类产品中,如指环外形或内圈、腕表的机芯里或表面上;最为经典的六角形祖母绿切割,可谓品牌Logo的象征。

设计风格：哈瑞·温斯顿以钻石为主要物料,具有精湛的花式切工与独特的镶工排列技巧,无比奢华。

9. 戴比尔斯(De Beers)——世界最大的钻石商

创始人：塞西尔·罗德兹

成立年份：1888年

注册地：南非

品牌标志："钻石恒久远,一颗永流传"的广告语;FOREVERMARK永恒印记。

设计风格：戴比尔斯对钻石的切割及打磨等加工技术无比精通,以婚戒系列及经典钻饰为主,还积极与国际知名的珠宝设计师合作,进行大胆的尝试,并与LVMH集团共同推出高级珠宝品牌,推出顶级奢华珠宝系列。

10. 施华洛世奇(Swarovski)——创造神话的仿水晶王国

创始人：丹尼尔·施华洛世奇

成立年份：1895年

注册地：奥地利

品牌标志："水晶天鹅"标志是施华洛世奇的经典记号。

设计风格：施华洛世奇拥有精湛的传统工艺与时尚气质。他在宝石领域一直处于领先地位，其仿水晶被运用在各个领域，从时装配饰到成品珠宝、装饰品，再到室内装潢和设计，产品线甚至延伸到了花瓶、碗、钟表等家用产品上。

11. 乔治·杰生(GEORG JENSEN)——最昂贵的银制品

创始人：乔治·杰生(Georg Jensen)

成立年份：1904年

注册地：丹麦

品牌标志：整齐的一排大写字母"GEORG JENSEN"，下面的小字表明了品牌的创立年份——1904年；银饰作品后面会有设计师名字的缩写，并有925银的标识。

设计风格：乔治·杰生一方面将雕塑融入银饰设计中，致力于将银制品提升至艺术品的境界初期的作品；另一方面受到新艺术风格的影响，加入从大自然撷取的灵感，创造出最精致细腻的胸针、项链与耳环。近代设计师们更是发挥各自的艺术灵性，把乔治·杰生塑造为充满设计感和工艺性的顶级珠宝。

12. 芙丽芙丽(Folli Follie)——爱琴海时尚珍宝

创始人：德梅特罗斯·寇特留特斯(Dimitris Koutsolioutsos)
　　　　凯蒂·寇特留特斯(Ketty Koutsolioutsos)

成立年份：1982年

注册地：希腊

品牌标志：标志性橙色；Logo为间接流畅的"Folli Follie"字样。

设计风格：芙丽芙丽拥有时髦的原创设计、高品质的素材精工，浪漫唯美但设计线条简练现代，极易与各种服饰搭配。其设计灵感源自地中海文化，以925银、宝石及半宝石为主要物料，整体风格时尚不失经典。透着大家风范气势的首饰、包袋、手表等配件，全然没有拘谨、矫揉之气，每一处细节却又能做到足够微妙与完美。

阅读资料三

1. 珍妮·杜桑(Jeanne Toussaint)

1923年,"一战"结束不久,路易斯·卡地亚聘请女设计师珍妮·杜桑为卡地亚高级定制珠宝部门的艺术总监,正是她让卡地亚之豹产生从平面转为立体的转变。

珍妮·杜桑从大自然的动植物界寻找灵感,为当代时尚名人(芭芭拉·赫顿、温莎公爵等)制作了非凡独特的珠宝套件。珍妮·杜桑个人相当喜欢豹,据说她的绰号就叫"豹",或许是特别有感情,她设计的豹形珠宝也特别受欢迎。她的豹形珠宝中最有名的就是完成于1948年的豹形胸针,这也是她的第一件豹形珠宝。这件为温莎公爵夫人特别设计的豹形胸针,用白金和白色K金打造出一只姿态神气的豹,再用钻石和蓝宝石铺镶出豹纹,华丽而优雅。

从这只豹形胸针开始,珍妮·杜桑又发展出系列豹形胸针、手链、项链及长柄眼镜等。而温莎公爵夫人则被卡地亚列为第一个佩戴美洲豹系列的人,这也成为了后来温莎公爵的个人象征。豹子很快就成了卡地亚的主题设计图案,它象征着更强大的新时代女性。这个图案有很深的含义,强烈地体现了新时代妇女的个性,在某种程度上象征着自由,代表那些为20世纪妇女展现自我风采打开了一扇大门的女性形象。

2. 让·史隆伯杰(Jean Schlumberger)

蒂芙尼的著名珠宝设计师让·史隆伯杰(1907—1987年)出生于法国,他自由地尝试组合黄玉、紫水晶、绿宝石、蓝宝石和海蓝宝石,从而创造出了经典的"天堂鸟"夹针系列。史隆伯杰不仅是设计师,还是一位革新者。他不知疲倦的工作,使19世纪的传统工艺——在18K金上装饰亮色的珐琅技术至臻完美。他设计的透明珐琅手镯系列成为时尚女士行头中的必备品。今天,Tiffany & Co. 的Schlumberger作品已被世界各地的博物馆和收藏家们广为珍藏。

如今,时尚女性比以往任何时候都渴求史隆伯杰,因为不论是相对简约的珐琅手镯,还是更为精美的装饰项链,他的作品都在这个日益忽略创新的世界中超凡脱俗。敏锐的顾客总会被创意、创造性设计和精湛工艺所吸引,这三个特点不仅是史隆伯杰每件作品的核心,也是蒂芙尼的精髓所在。

3. 帕洛玛·毕加索(Paloma Picasso)

女设计师帕洛玛·毕加索在沃尔特·豪温临退休时,加入了蒂芙尼的设计阵容。身为著名画家毕加索的女儿,艺术修养自然不俗,她的设计用色大胆却协调,外形简单但抢眼。帕洛玛还为自己的设计做广告模特儿，一头乌发、一抹红唇，常常比首饰还引人注意。

她奉行非神秘化的设计宗旨，创作的饰品造型非常简洁，如随意的十字架、看似漫不经心的波形曲线等。纯银螺丝钥匙口成为蒂芙尼的经典之作。它线条简洁、华美实用，一直是最得人心的馈赠佳品，每个钥扣均系着"Return to Tiffany"的吊牌，上面刻有购买者的识别号码，若是钥匙扣不慎丢失，只要拾货者送回蒂芙尼，就能根据识别码物归原主。蒂芙尼采用吊牌设计的一系列珠宝也由此大受欢迎。

4. 劳伦兹·鲍默(Lorenz Baumer)

劳伦兹·鲍默担任 LV（Louis Vuitton）高级珠宝艺术总监。他曾说过："一件珠宝作品别无其他，只是带来幸福与快乐感。"劳伦兹·鲍默是法国的独立珠宝设计师，作品除珠宝外，还有手表和家饰。他的作品曾被巴黎装饰艺术博物馆典藏，还得到法国文化部颁发的"艺术及文学骑士勋章"。值得一提的是，劳伦兹·鲍默与顶级时装品牌结缘已久，很早之前他就曾为香奈儿、巴卡拉做过匿名珠宝设计。

今天，劳伦兹·鲍默珠宝作品无处不在。他锻造金、陨石和钛，采用最稀有的宝石、钻石、帝王黄玉、西伯利亚紫水晶、沙滩鹅卵石、巴西米纳斯吉拉斯矿(Minas Gerais)各种颜色的碧玺。他运用革新技术将诗意融入钻石里，用举世无双的智慧去探索珠宝世界里还无人触及的艺术疆域。

5. 佛杜拉(Verdura)

佛杜拉，是来自意大利西西里岛的珠宝设计师，曾是香奈儿的首席珠宝设计师。他的作品充分发扬了珠宝的浪漫精致，而且巧妙地搭配价值不菲的宝石。他最有名的"混搭"作品，取用真正的贝壳，在上面镶嵌宝石，当年就让珠宝收藏家惊艳。

"捆绑的心"(Wrapped Heart)是佛杜拉传世的经典。当年，一位粉丝请他设计一件珠宝，送给太太作为情人节的礼物。佛杜拉用圆凸形(cabochon)的红宝石，满铺成一颗红艳艳、饱满的心，然后用镶嵌了钻石的细绳把这颗心捆绑起来，打了一个漂亮的蝴蝶结，成了一件精致的礼物。

6. 凯文·弗里德曼(Kevin Friedman)

Kevin Friedman 是南非乃至整个非洲的顶级珠宝首饰设计师，同时也是戴比尔斯的加盟设计师。他的设计虽然带有戴比尔斯的风格，但更多的还是体现了设计师所深深根植的南非气息，具有鲜明的民族特色。

7. 考林·威利特（Colin Waylett）

考林·威利特是西班牙著名的珠宝设计师。他善于从大自然及生活中的常见事物中汲取灵感，例如植物、树木、种子，还有机械装置，比如管道、缠绕的电线等。他观察它们的外形和肌理结构。虽然许多设计源于瞬间闪现的灵感，但是他们要经过不断的改进，需要花好几个月的时间才能使最初的灵感完美展现。他的作品大多选用18K金为材料，在使用传统的工具和方法的同时，结合现代技术与设备进行制作。

8. 彼德·施库比克（Peter Skubic）

奥地利著名珠宝设计师彼德·施库比克是一位在欧洲首饰艺术史上很具影响力的人物。他曾任德国科隆工艺技术学院首饰专业教授。当欧洲首饰在20世纪60—70年代还处于传统金工工艺一统天下的时代，他勇于从传统的束缚中摆脱出来，大胆地将传统首饰用材中从未出现过的不锈钢作为主题大加运用，通过对不锈钢的特质和色泽的展示，以体现材质的美学价值而绝非关注材料自身的价值，从而确立了艺术首饰的新视角。

9. 陈世英（Wallace Chan）

中国香港珠宝设计雕刻师陈世英的创作风格是以不同色彩宝石配合精湛雕刻工艺，其部分作品以钛元素作为骨干，使镶满华贵彩石的珠宝变得更加轻盈却又不失慑人的华丽气派。他是珠宝界的混搭高手，用绿色璧玺衬托粉宝、黄钻，用400多年历史的紫檀木配上璀璨钻石，用现代感十足的钛合金镶嵌翡翠等。陈世英的创作中充满了不可思议的混搭，却又展现出闻所未闻的惊人美感。

10. 赵心绮（Cindy Chao）

赵心绮是台湾首位进军纽约佳士得的珠宝设计师，在建立品牌短短3年后就成为了世界珠宝设计舞台上的一匹中国黑马。她身为一位雕刻家的女儿，深知各种材质珠宝的不同特性，就像渔夫的女儿熟谙河滩深浅一样。她对不同石头的明度、软硬、怎样的切面才能折射出最美的光泽烂熟于胸。她的作品选用最珍贵的宝石，用360°立体镶嵌向传统镶嵌方法挑战。

11. 胡茵菲（Anna Hu）

胡茵菲出生于台湾，曾在美国留学，先后在佳士得（Christie）纽约拍卖行珠宝部，以及世界一流珠宝品牌梵克雅宝（Van Cleef & Arpels）和哈利·温斯顿（Harry Winston）工作。"用宝石画画"——胡茵菲如此定义着珠宝设计，对艺术品味拥有自己的见解，希望透过宝石抓住感动的瞬间。"当宝石不再是宝石，而是大自然色彩缤纷的贺礼"——秉持着这份超脱的想法，让胡茵菲的作品更具备艺术性,受到皇室王妃、社会名媛们的喜爱。

12. 刘斐

刘斐曾以"快乐的喷泉"耳环设计荣获"英国金匠精工艺与设计大赛"的一等奖,成为该英国最高级别的珠宝大赛百年历史上首位获奖的中国设计师,并在瑞士巴塞尔国际珠宝设计大赛上获得了"世界十大国际珠宝设计师"的美誉。立体感和夸张的色彩一直是刘斐设计中两个很重要的特色,同时他的珠宝设计在吸收了西方时尚元素的同时,也结合了中国传统的审美习惯,增添了作品的韵味和时尚感。

13. 翁狄森

翁狄森,中国香港珠宝首饰设计师,曾分别于法国巴黎及加拿大渥太华攻读艺术及工商管理学位,毕业后赴纽约时装技术学院继续钻研摄影及珠宝设计。自小习画、受艺术熏陶的翁狄森,一直对中国历史文化及艺术有千丝万缕的情结,从作品"窗花"(Lattice)、"剪纸"(PaperCut)、"如意锁"(Lock of Good Wishes)到"誉牡丹"(Glorious Peony)等,他将传统的中国文化以当代珠宝艺术完美承传。

14. 林莎莎

身为华侨后裔的林莎莎(Sasa),是设计师与珠宝商兼具的才女,在美国读大学时曾修建筑和室内设计。也许是因为建筑设计师的特殊出身,倡导实用与艺术的结合,习惯了计算各种数据的她并不只是单纯地执着于珠宝的艺术性设计,在她看来以最适合的材质、最经济的尺寸规格做出最美丽的珠宝才算是最完美的作品。因此,她特别注重材质的选择,在建筑设计中的某些材质的特性也会给她带来珠宝设计的无限灵感。比如抛光与亚光的和谐组合,特殊技术带来的不同手感,立体造型的虚实结合,都在小小的珠宝上得到最大胆的尝试。同时,对色彩和品质都有极高要求的设计师本质,使她的作品中色彩的搭配极为讲究,每一块宝石的选择也是慎之又慎,再配合卓越的意大利做工,这就有力地保证了珠宝的最高上乘品质。

15. 任进

任进,中国珠宝首饰设计大师,中国地质大学(北京)珠宝学院副教授、研究生导师,现主要从事高档珠宝首饰的定制工作,先后担任国内各类首饰设计大赛的评委,并任多家黄金珠宝首饰名牌的首席设计师、顾问等职。任进在宣传珠宝设计文化方面有着较高的知名度与影响力,担任多家时尚与珠宝传媒顾问。设计风格崇尚展现珠宝之奢华,突出首饰之美丽,诠释珠宝背后之文化,力图从多种题材入手,充分满足高端消费人群的艺术鉴赏力及展示佩戴的需求。

16. 万宝宝

万宝宝曾在美国、法国留学,21岁时通过GIA珠宝鉴证课程,创立珠宝品牌

Bao Bao Wan Fine Jewelry。她的个人高级珠宝"Bao Bao Wan Fine Jewelry"系列,多以花朵、叶子、竹子、蝴蝶及紫禁城作主体,表达了她个人的爱情观和家乡情怀。

17. 高源

高源作为中国最资深的女摄影师,早在14岁的时候就开始迷恋手工。她的第一件首饰作品是用一只铅笔头,除去中间的铅芯儿,穿上电线里的铜丝,最后做成一个耳环。自此之后她对于制作首饰的这个爱好一直持续到了现在。她认为:"中国人对于首饰的选择上应该更多地重视设计和想法,并非矜贵的材质才可以设计出多样和有趣的配饰。"正是出于这种观念,才让她坚持自己的品牌"源"不是一个"以钻石为主"的首饰品牌。她的作品多采用黄铜、银、绳子等普通人认为廉价的材质,设计出线条不太规则、图案很质朴的首饰。她的作品中手工打造的痕迹很明显,有点像儿童手中的橡皮泥或是蜡笔画。

参考文献

北京大陆桥文化传媒.世界品牌故事珠宝卷[M].北京:中国青年出版社,2009.

高芯蕊.中西方首饰文化之对比研究[D].北京:中国地质大学,2006.

管彦波.中国头饰文化[M].呼和浩特:内蒙古大学出版社,2006.

郭新.珠宝首饰设计[M].上海:上海人民美术出版社,2009.

杭海.妆匣遗珍[M].北京:生活·读书·新知三联书店,2005.

黄能馥,苏婷婷.珠翠光华——中国首饰图史[M].北京:中华书局,2010.

刘珂珂.首饰与观念[J].东方艺术,2005(19):67.

罗振春.第二表情——首饰设计课程[M].南京:江苏美术出版社,2007.

马大勇.云髻凤钗——中国古代女子发型发饰[M].济南:齐鲁书社,2009.

孟昭毅,曾艳丘.外国文化史[M].北京:北京大学出版.2008.

时涛,欧阳明德.珠宝品鉴[M].北京:中国纺织出版社,2010.

大英博物馆,首都博物馆.世界文明珍宝:大英博物馆之250年藏品[M].北京:文物出
    版社,2006.

孙和林.云南银饰[M].昆明:云南人民出版社,2001.

唐绪祥.银饰珍赏誌[M].南宁:广西美术出版社,2006.

滕菲.灵动的符号[M].北京:人民美术出版社,2003.

王昶,申柯娅.中国少数民族首饰文化特征[J].宝石和宝石学杂志,2004,6(1):29-31.

王敏.玻璃器皿鉴赏宝典[M].上海:上海科学技术出版社,2010.

休·泰勒.世界顶级珠宝揭秘[M].陈早,译.昆明:云南大学出版社,2010.

扬之水.奢华之色——宋元明金银器研究卷二:明代金银首饰[M].北京:中华书局,
    2011.

叶志华.珠宝首饰设计[M].武汉:中国地质大学出版社,2011.

李昆声,周文林.云南少数民族服饰[M].昆明:云南美术出版社,2002.

张夫也.外国工艺美术史[M].北京:中央编译出版社,1999.

张荣红,林斌,周汉利.中国首饰设计现状及发展对策[J].宝石和宝石学杂志,2003 (4):32-33.

张荣红,杨海珍.欧美当代首饰艺术的特点——材料、主题和形式在传统概念上的突破[J].宝石和宝石学杂志,2001,3(2):32-34.

张晓燕,楼慧珍.首饰艺术设计[M].北京:中国纺织出版社,2010.

赵莹,张晓熙.古埃及首饰浅析[J].宝石和宝石学杂志,2005,7(3):34-36.

郑婕.中国古代人体装饰[M].西安:世界图书出版西安公司,2005.

李春生.中国少数民族图典[M].北京:中国画报出版社,2005.

中国文物学会专家委员会.中国金银器[M].北京:中央编译出版社,2008.

钟茂兰,范林.中国少数民族服饰[M].北京:中国纺织出版社,2005.

邹婧,余艳.世界经典首饰设计[M].长沙:湖南大学出版社,2009.

邹宁馨.珠宝首饰设计与之作[M].重庆:西南师范大学出版社,2009.

Beniamino Levi. The Dali Universe[M]. Italy:Grafiche Milani-Segrate(Milano),2006.

Design-Ma-Ma 设计工作室.当代首饰艺术材料与美学的革新[M].北京:中国青年出版社,2011.